全国高等职业教育"十二五"规划教材
机械制造与自动化专业

三 维 造 型 设 计

主　编　孙志平　杨立云
参　编　李彩风　刘小凡　李文涛　陈玲

机 械 工 业 出 版 社

Creo 是高端三维机械 CAD 软件之一，本书以 PTC 公司最新推出的 Creo 1.0 为蓝本，以机械加工中的典型零件及机床夹具为载体，突出机械类学生及机械工程技术人员计算机辅助机械产品设计思路及方法，介绍该软件的操作方法和机械设计应用技巧。在内容安排上，全书共分为三个学习领域：学习领域一以典型零件设计为思路，讲授 Creo 的基础操作、草图绘制及特征造型方法；学习领域二以典型夹具设计为思路，讲授 Creo 的装配造型及运动仿真的方法；学习领域三以典型夹具工程图设计为思路，讲授 Creo 的工程图视图创建、工程图标注及模板制定的方法。每个学习领域都结合大量的机械产品实例对软件中抽象的概念、命令和功能进行讲解，书中以典型机械零件及夹具设计范例的形式讲述实际产品的设计过程，使学生较快地进入设计状态，具有很强的实用性。在编写方式上，本书紧贴软件的实际操作界面，采用软件中真实的对话框、操控板和按钮等进行讲解，使初学者能够直观、准确地操作软件进行学习，从而尽快上手，提高学习效率。经过本课程学习，学生能够迅速地运用 Creo 软件来完成一般产品的设计工作，并为进一步学习高级和专业模块打下坚实的基础。

本书既可作为高职高专及成人高等院校机械类和机电类专业的教学用书，也可作为机械、电子、玩具等行业产品开发设计人员的参考用书及培训教材。

本书配有电子课件，**凡使用本书作为教材的教师**可登录机械工业出版社教材服务网 www.cmpedu.com 下载。咨询邮箱：cmpgaozhi@sina.com。咨询电话：010-88379375。

图书在版编目（CIP）数据

三维造型设计/孙志平，杨立云主编. —北京：
机械工业出版社，2013.5
全国高等职业教育"十二五"规划教材. 机械制造与
自动化专业
ISBN 978 - 7 - 111 - 42373 - 7

Ⅰ.①三… Ⅱ.①孙…②杨… Ⅲ.①三维 - 工业产
品 - 造型设计 - 计算机辅助设计 - 应用软件 - 高等职业教
育 - 教材　Ⅳ.①TB472 - 39

中国版本图书馆 CIP 数据核字（2013）第 092240 号

机械工业出版社（北京市百万庄大街22号　邮政编码100037）
策划编辑：王海峰　责任编辑：王海峰
版式设计：霍永明　责任校对：李锦莉
责任印制：张　楠
北京京丰印刷厂印刷
2013 年 7 月第 1 版·第 1 次印刷
184mm×260mm·18 印张·453 千字
0 001—3 000 册
标准书号：ISBN 978 - 7 - 111 - 42373 - 7
定价：35.00 元

前　言

  Creo 是高端三维机械 CAD 软件之一，它整合了 PTC 公司的三大软件 Pro/Engineer 的参数化技术、CoCreate 的直接建模技术和 ProductView 的三维可视化技术的新型 CAD 设计软件包，集成了参数化 3D CAD/CAM/CAE 解决方案，同时最大限度地增强了创新力度并提高了质量，具备互操作性、开放、易用等特点，在航空、航天、汽车、装备制造企业和消费类电子产品中得到了广泛应用，在中国的高端 CAD 市场上占有很大份额，熟练运用此软件已成为新时代对机械工程领域技术人员提出的新的技术素质要求。

  编者在从事 Creo 软件的培训与教学的过程中深刻体会到，虽然有关 PTC 公司软件的书籍种类众多，但真正能找到一本适合于机械类专业辅助专业核心能力——机床夹具设计方面的教材或学习辅导书并非是件容易的事，其原因是大部分的书籍不是从学生的专业应用出发，而是单纯地面向软件本身。本书在编写中，通过完成每个学习任务来讲解三维造型方法及应用技巧，避免了此类缺陷。

  本书是基于机械类专业产品设计的岗位能力需求进行课程开发的，以典型机械零件及工装夹具为载体，按照培养学生三维造型设计能力、理论适度、工学结合的要求选取教材内容，以学习领域—学习情境—任务的形式为教材的组织形式。

  与已经出版的同类书籍相比较，本书具有以下特点：

  1. 本书主要面向机械类学生及机械工程技术人员，突出计算机辅助机械产品设计思路及方法，以机械加工中的典型零件及机床夹具为载体，突出课程之间的联系与融合，并做到学以致用，促进学生的学习积极性，提高学生学习效果。

  2. 应用性强，有很强的指导性和可操作性，有利于读者打好坚实的基础和提升设计技能。

  3. 本书从易到难，从零件到产品，并且穿插大量的软件操作技能、专业规范及工程标准等，能够使读者快速地进入设计工程师的行业，解决工程设计实际问题。

  本书包括三个学习领域：典型零件设计、典型夹具设计和典型夹具工程图设计。学习领域之间既有联系，又设置有知识能力梯度，该梯度符合学生学习的认知规律，同时便于教师分层次教学。

  本书由河北机电职业技术学院孙志平、杨立云主编并统稿。参加本书编写的人员有：河北机电职业技术学院孙志平、杨立云、李彩风、刘小凡、李文涛，昆明学院陈玲。本书学习领域一中学习情境 1 由孙志平编写，学习领域一中的学习情境 2、学习情境 3 由杨立云编写，学习领域一中的学习情境 4、学习情境 5、学习情境 6、学习领域二中的学习情境 2 由李彩风编写，学习领域一中的学习情境 7 由陈玲编写，学习领域二中的学习情境 1、学习领域三中的学习情境 1 由刘小凡编写，学习领域二中的学习情境 3、学习领域三中的学习情境 2 由李文涛编写。

  由于编者水平有限，'本书难免存在错误、疏漏和不足之处，恳切希望同仁及广大读者批评指正。

编　者

目　　录

前言
学习领域一　典型零件设计 ……………… 1
　学习情境1　三维造型设计基础 ………… 2
　　任务工单 ……………………………… 2
　　任务1　认识三维造型设计软件 ……… 3
　　任务2　Creo软件功能介绍 ………… 6
　　任务3　三维造型设计理念 ………… 23
　　习题 ………………………………… 27
　学习情境2　垫圈类、定位支承元件
　　　　　　　设计 ……………………… 28
　　任务工单 …………………………… 28
　　任务1　圆形垫圈零件设计 ………… 29
　　任务2　异形垫圈零件设计 ………… 36
　　任务3　V形块设计 ………………… 48
　　习题 ………………………………… 57
　学习情境3　拨叉、支座类零件设计 … 59
　　任务工单 …………………………… 59
　　任务1　连杆设计 …………………… 60
　　任务2　拨叉设计 …………………… 68
　　任务3　底座设计 …………………… 88
　　习题 ……………………………… 106
　学习情境4　轴类零件设计 ………… 109
　　任务工单 ………………………… 109
　　任务1　阶梯轴设计 ……………… 110
　　任务2　曲轴设计 ………………… 116
　　习题 ……………………………… 120
　学习情境5　弹簧类零件设计 ……… 123
　　任务工单 ………………………… 123
　　任务1　螺旋弹簧设计 …………… 124
　　任务2　盘形弹簧设计 …………… 126
　　习题 ……………………………… 129
　学习情境6　凸轮类零件设计 ……… 131
　　任务工单 ………………………… 131
　　任务1　盘形凸轮设计 …………… 132
　　任务2　圆柱凸轮设计 …………… 135
　　习题 ……………………………… 140
　学习情境7　零件库设计 …………… 142
　　任务工单 ………………………… 142

　　任务1　标准垫片零件库设计 …… 143
　　任务2　螺栓零件库设计 ………… 149
　　习题 ……………………………… 156
学习领域二　典型夹具装配设计 …… 159
　学习情境1　台虎钳设计 …………… 160
　　任务工单 ………………………… 160
　　任务1　Creo 1.0软件组件功能介绍 … 161
　　任务2　台虎钳主要零件设计 …… 166
　　任务3　台虎钳装配体设计 ……… 176
　　习题 ……………………………… 185
　学习情境2　车床夹具设计 ………… 186
　　任务工单 ………………………… 186
　　任务1　卡盘式车床夹具设计 …… 187
　　任务2　角铁式车床夹具设计 …… 189
　　习题 ……………………………… 193
　学习情境3　钻床夹具设计 ………… 195
　　任务工单 ………………………… 195
　　任务1　回转式钻模运动仿真设计 … 196
　　任务2　移动式钻模拆装动画设计 … 226
　　习题 ……………………………… 240
学习领域三　典型夹具工程图设计 … 241
　学习情境1　台虎钳工程图设计 …… 242
　　任务工单 ………………………… 242
　　任务1　Creo 1.0软件工程图及参数
　　　　　　设置 …………………… 243
　　任务2　台虎钳主要零件工程图视图
　　　　　　设计 …………………… 246
　　任务3　台虎钳主要零件工程图注释
　　　　　　设计 …………………… 251
　　习题 ……………………………… 262
　学习情境2　钻床夹具工程图设计 … 263
　　任务工单 ………………………… 263
　　任务1　钻模装配工程图视图设计 … 264
　　任务2　钻模装配工程图注释设计 … 272
　　习题 ……………………………… 280
参考文献 ……………………………… 281

学习领域一　典型零件设计

　　本学习领域立足于解决机械零件设计建模的实际问题，以垫片、螺栓、轴、凸轮等典型的零件为案例，对这些典型零件进行结构分析，讲述了具体零件设计的基本思路、操作步骤以及应用技巧等。并以应用实例为主线，引导读者掌握使用 Creo Parametric 1.0 进行机械设计的方法、步骤以及技巧等方面的知识，从而有效地开拓读者的设计思路，提高读者的建模知识综合应用能力。

学习情境 1　　三维造型设计基础

任 务 工 单

学习情境	学习情境1　　三维造型设计基础				
姓名		学号		班级	
任务目标	知识目标：理解典型三维设计软件的特点 　　　　　掌握 Creo 1.0 软件的界面功能 　　　　　理解三维造型设计方法 能力目标：能够熟练开启 Creo 1.0 软件 　　　　　能够理解 Creo 1.0 软件的各功能模块的含义 素质目标：具有问题分析能力、自我学习能力及创新能力				
任务描述	任务1	认识三维造型设计软件			
	任务2	Creo 软件功能介绍			
	任务3	三维造型设计理念			
学习总结					

考核方法	项目	分值比例	分　　数		
			任务1	任务2	任务3
	项目计划决策	10%			
	项目实施检查	50%			
	项目评估讨论	10%			
	职业素养	20%			
	学生互评	10%			
	总分	100%			
指导教师 评语					

任务1　认识三维造型设计软件

一、计算机辅助造型设计概述

1. 造型设计的概念

所谓造型设计不是单纯的外形设计，而是更为广泛的设计与创造活动，它不仅包括形态的艺术性设计，而且包括与实现形态及实现有关功能的材料、结构、构造、工艺等方面的技术性设计。在整个设计过程中，形态、结构、材料、工艺与使用功能的统一，与人的心理、生理相协调，将始终是研究和解决的主要内容。

造型设计是工程技术与美学艺术相结合的一种现代设计方法。功能、造型形象以及物质技术条件是构成造型设计的三大基本要素。其中功能是设计的目的，造型形象是功能的具体表现形式，物质技术条件是实现功能的基础。

功能是指产品具有特定的用途或作用，它是根据人的需求来设计的。功能具有双重性，即物质和精神两个方面。造型形象是为了实现一定的目的所采取的结构或方式，是具备特定功能的实体形态。造型形象是为功能服务的，必须体现功能。各种材料、技术和设备是实现功能和形象的基础。

2. 计算机辅助造型设计的概念和意义

计算机辅助设计（Computer Aided Design，CAD），是由计算机来完成产品设计中的数据计算、几何分析、产品模拟、图样绘制、编制技术文件等工作。

计算机辅助设计几乎推动着一切领域的设计革命，近年来，CAD技术的应用已涉及到机械、工程设计、船舶、航空、航天、汽车、轻工、纺织等各行业。

传统的设计方法是工程师在大脑里构思三维的产品，再通过大脑的几何投影把产品表现在二维图样上，工程师有一大半的工作量是在三维实体和二维工程图的相互转换以及繁琐的查表和计算中。而制造工人又要把二维的图样在大脑中反映出三维的实体然后进行加工制造。采用CAD技术（尤其是三维CAD技术）后，工程师就可以直接在计算机上进行零件设计和产品的装配；产品的制作过程几乎与真实的产品制造无差别，计算机屏幕上的产品就是未来产品三维图像。工程师还可以在设计过程中，利用CAD技术尤其是三维CAD技术，完成手工难以完成和低效率的工作。

计算机辅助三维造型设计是设计人员借助计算机辅助设计系统提供的图形终端或工作站及其软件，描述所设计产品的形状、结构、大小以及模拟在光线照射下表面的色彩、明暗和纹理等，它以提高工作效率、增强设计的科学性与可靠性、适应信息化社会的生产方式为目的。因此，三维造型就是在计算机上建立完整的产品三维几何形状的过程。在计算机上进行三维造型所用的技术称为三维造型技术。三维造型的结果是建立三维模型，因此也称为三维建模。

3. 三维造型CAD系统的组成及功能

三维造型CAD系统一般由数值计算与处理、交互绘图与图形输入/输出、存储和管理设计制造信息的工程数据库三大模块组成，其主要功能包括：

1）造型功能。

2）强大的图形处理功能，包括绘图、编辑、图形输入/输出和真实感图形渲染等。

3）有限元分析和优化设计能力。

4）三维运动机构的分析与仿真。

5）提供二次开发工具，以适应不同行业、不同情况的需要。

6）数据管理能力，以产品为中心对设计信息和与之相关的信息进行综合管理，提高设计部门总体工作效率。

7）方便的数据交换功能，提供通用的文件格式转换接口，以达到自动检索、快速存取、不同系统间传输与交换的目的。

4. 计算机辅助造型设计的历史、现状与展望

计算机辅助造型设计的历史，基本上就是计算机辅助设计的历史。计算机辅助设计是随着计算机硬件、软件技术进展而发展起来的。自从 1945 年第一台电子计算机问世以来，利用计算机进行工程、产品辅助设计技术的发展大致经历了如下几个阶段：

1）20 世纪 40 年代末至 50 年代末是孕育、形成阶段。

2）20 世纪 50 年代末至 60 年代中、后期是成长阶段。

3）20 世纪 70 年代以后进入开发应用阶段。

4）20 世纪 80 年代中期以后是向标准化、集成化、智能化方向的发展时期。

5）近年来，个人计算机性能迅速提高，已具有较强的图形处理能力和支持多处理机并行处理的能力。在三维造型软件的开发上，发展也相当迅速，3DS MAX、RHINO 等专业的三维建模软件纷纷出台。20 世纪 80 年代还处于理论研究的三维几何造型、曲面造型已进入实际运用阶段。计算机辅助设计的未来向着网络化、协同化、集成化发展。

二、计算机辅助造型设计相关软件介绍

随着计算机技术的迅速发展，针对不同的用户及不同产品的造型法则，各大公司相继推出了各种档次的计算机图形软件（见表 1-1-1），为设计师提供了适合自身条件的各种软件，大大提高了计算机的普及程度和计算机辅助设计的水平。各种计算机辅助设计软件分类见表 1-1-1。

表 1-1-1　计算机辅助设计软件分类表

主要应用领域	低端设计软件组合	中端设计软件组合	高端设计软件组合
二维绘图	Freehand、Coredraw	Illustrater、Photoshop	3D Paint
三维曲面建模	Rhino、3DS MAX	SolidEdge、SolidWorks	Alias、Pro/E、Catia
渲染	Bmrt/Framingo	Photo Works、Light Scape	PhotoRender、RenderMAN
动画	3DS MAX SoftImage Maya		Alias
工程设计（三维造型）	AutoCADA/MDT	SolidEdge、SolidWorks	Pro/E、UG、Catia、I-Deas

1. PTC 的 Pro/Engineer 软件

1985 年，PTC 公司成立于美国波士顿，开始参数化建模软件的研究。1988 年，V1.0 的 Pro/Engineer 诞生了。经过 10 余年的发展，Pro/Engineer 已经成为三维建模软件的领头羊。

PTC 的系列软件包括了在工业设计和机械设计等方面的多项功能，还包括对大型装配体的管理、功能仿真、制造、产品数据管理等。Pro/Engineer 还提供了目前所能达到的最全面、集成最紧密的产品开发环境。

Pro/Engineer 是采用参数化设计的、基于特征的实体建模系统，工程设计人员可采用具

有智能特性的基于特征的功能去生成模型，如腔、壳、倒角及圆角等，并可以随意勾画草图，轻易改变模型。这一功能特性给工程设计者提供了在设计上从未有过的简易和灵活。Pro/Engineer 的这种基于特征的参数化设计方法后来被中端 CAD 产品，如 Solid Works、Solid Edge、Inventor 所广泛采用。

2. EDS 的 UG 软件

UG 软件起源于美国麦道飞机公司，于 1991 年并入美国 EDS 公司。它集成了美国航空、航天、汽车工业的经验，成为机械集成化 CAD/CAE/CAM 主流软件之一。主要应用在航空、航天、汽车、通用机械、模具、家电等领域。它是采用基于约束的特征建模和传统的几何建模为一体的复合建模技术，曲面造型、数控加工方面是它的强项，但分析方面较为薄弱。UG 提供了分析软件 NASTRAN、ANSYS、PATRAN 接口；机构动力学软件 IDAMS 接口；注塑模分析软件 MOLDFLOW 接口等。Unigraphics 提供给公司一个从设计、分析到制造的完全数字的产品模型。

Unigraphics 采用基于过程的设计向导、嵌入知识的模型、自由选择的造型方法、开放的体系结构以及协作式的工程工具，这些只是提高产品质量、提高生产力和创新能力所采用的众多独特技术中的一小部分。

3. Dassault 的 CATIA 软件

CATIA 是由法国著名飞机制造公司 Dassault 开发，并由 IBM 公司负责销售的 CAD/CAM/CAE/PDM 应用系统。CATIA 起源于航空工业，其最大的标志客户即美国波音公司，波音公司通过 CATIA 建立起了一整套无纸飞机生产系统，取得了重大的成功。

围绕数字化产品和电子商务集成概念进行系统结构设计的 CATIA V5 版本，可为数字化企业建立一个针对产品整个开发过程的工作环境。在这个环境中，可以对产品开发过程的各个方面进行仿真，并能够实现工程技术人员和非工程技术人员之间的电子通信。产品整个开发过程包括概念设计、详细设计、工程分析、成品定义和制造乃至成品在整个生命周期中的使用和维护。

作为世界领先的 CAD/CAM 软件，CATIA 可以帮助用户完成大到飞机、小到螺钉旋具的设计及制造，它提供了完备的设计能力：从 2D 到 3D 到技术指标化建模。同时，作为一个完全集成化的软件系统，CATIA 将机械设计、工程分析及仿真和加工等功能有机地结合，为用户提供严密的无纸工作环境，从而达到缩短设计生产时间、提高加工质量及降低费用的效果。

4. 其他知名 CAD 软件介绍

（1）SolidWorks 美国 SolidWorks 公司是一家专门从事开发三维机械设计软件的高科技公司，公司的宗旨是使每位设计工程师都能在自己的微机上使用功能强大的世界最新 CAD/CAE/CAM/PDM 系统。

为了开发世界空白的、基于计算机平台的三维 CAD 系统，1993 年 PTC 公司的技术副总裁与 CV 公司的副总裁成立了 Solid Works 公司，并于 1995 年成功推出了 SolidWorks 软件，引起世界相关领域的一片赞叹。在 Solid Works 软件的促动下，从 1998 年开始，国内、外也相继推出了相关软件；原来运行在 UNIX 操作系统的工作站 CAD 软件，也从 1999 年开始，将其程序移植到了 Windows 操作系统中。

SolidWorks 软件是世界上第一个基于 Windows 开发的三维 CAD 系统，该系统在 1995～1999 年获得全球微机平台 CAD 系统评比第一名，从 1995 年至今，已经累计获得十七项国际大奖。

　　功能强大、易学易用和技术创新是 SolidWorks 的三大特点，使得 SolidWorks 成为领先的、主流的三维 CAD 解决方案。SolidWorks 能够提供不同的设计方案、减少设计过程中的错误以及提高产品质量。SolidWorks 不仅提供了如此强大的功能，同时对每个工程师和设计者来说，操作简单方便、易学易用。如果设计者熟悉微软的 Windows 系统，基本上就可以用 SolidWorks 来进行设计了。

　　（2）北航海尔 CAXA 实体设计　　CAXA 实体设计软件使实体设计跨越了传统参数化造型在复杂性方面受到的限制，不论是经验丰富的专业人员，还是刚接触 CAXA 实体设计的初学者，CAXA 实体设计都能提供便利的操作。其采用鼠标拖放式全真三维操作环境，具有无可比拟的运行速度、灵活性和强大功能，使得设计速度更快，并可获得更高的交互性能。CAXA 实体设计支持网络环境下的协同设计，可以与 CAXA 协同管理或与其他主流 CPC/PLM 软件集成工作。利用 CAXA 实体设计，人人都能够更快地从事创新设计。

　　CAXA 实体设计具有六项国际专利技术：Intelli Shape 智能图素，Handels 驱动手柄，TriBall 三维球，Dual-Kernel 双内核平台，D&D Sheet Metal 拖放式钣金设计，Design Flow Architecture 设计流体系结构。

任务 2　Creo 软件功能介绍

　　Creo 是美国 PTC 公司于 2010 年 10 月推出的 CAD 设计软件包。Creo 是整合了 PTC 公司的三个软件：Pro/Engineer 的参数化技术、CoCreate 的直接建模技术和 Product View 的三维可视化技术的新型 CAD 设计软件包，它集成了参数化 3D CAD/CAM/CAE 解决方案，同时最大限度地增强了创新力度并提高了质量，是 PTC 公司闪电计划所推出的第一个产品。Creo 具备互操作性、开放、易用三大特点。

一、Creo 软件功能介绍

　　Creo 是一个可伸缩的套件，集成了多个可互操作的应用程序，功能覆盖整个产品开发领域。Creo 的产品设计应用程序使企业中的每个人都能使用最适合自己的工具，因此，他们可以全面参与产品开发过程。除了 Creo Parametric 之外，还有多个独立的应用程序在 2D 和 3D CAD 建模、分析及可视化方面提供了新的功能。Creo 主要的应用程序见表 1-1-2。

表 1-1-2　Creo 主要的应用程序

应用程序名称	简　　　　介
Creo Parametric	使用强大、自适应的 3D 参数化建模技术创建 3D 设计
Creo Simulate	分析结构和热特性
Creo Direct	使用快速灵活的直接建模技术创建和编辑 3D 几何
Creo Sketch	轻松创建 2D 手绘草图
Creo Layout	轻松创建 2D 概念性工程设计方案
Creo View MCAD	可视化机械 CAD 信息以便加快设计审阅速度
Creo View ECAD	快速查看和分析 ECAD 信息
Creo Schematics	创建管道和电缆系统设计的 2D 布线图
Creo Illustrate	重复使用 3D CAD 数据生成丰富、交互式的 3D 技术插图

其中，Creo Parametric 是必不可少的 3D 参数化 CAD 解决方案，可靠且可扩展的 3D 产品设计工具集，功能更强、更灵活和更快速，可帮助加快整个产品开发过程。

二、Creo Parametric 相关概念

1. Creo Parametric 主界面

Creo Parametric 用户界面有许多不同区域，可在创建模型时使用它们。开始界面和主界面如图 1-1-1 和图 1-1-2 所示。在开始界面，能够设定工作目录，定义模型的显示质量、系统颜色和编辑配置文件等。在主界面，有下拉菜单的命令，可以很方便地选取相应的命令来建模，节约时间，提高效率。

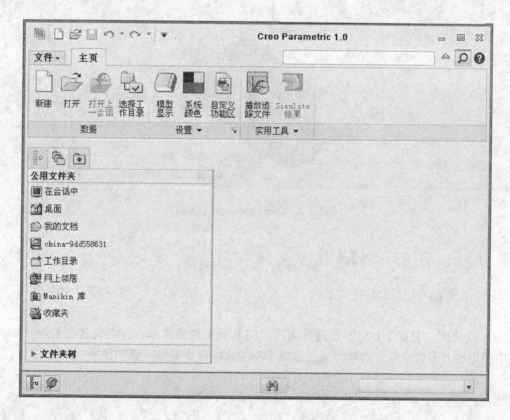

图 1-1-1　Creo Parametric 开始界面

主界面的区域包括：

1）图形窗口。Creo Parametric 的工作区域，可在其中创建和修改 Creo Parametric 模型，例如，零件、装配与绘图。

2）"图形中"工具栏（见图 1-1-3）。位于图形窗口顶部，"图形中"工具栏包含图形窗口显示的常用工具与过滤器，可以自定义"图形中"工具栏中显示的工具与过滤器。

3）"快速访问"工具栏（见图 1-1-4）。默认情况下，"快速访问"工具栏位于界面顶部，它包含一组常用命令，这些命令独立于目前显示在功能区中的选项卡。无论是在特定模式下工作，还是在功能区选项卡中工作，都可以使用这些命令。也可以自定义"快速访问"工具栏，以添加其他命令。

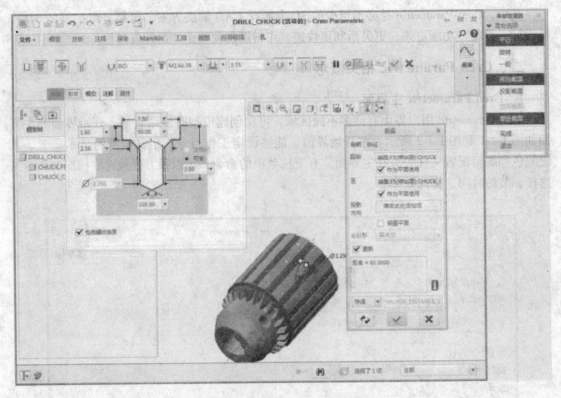

图 1-1-2　Creo Parametric 主界面

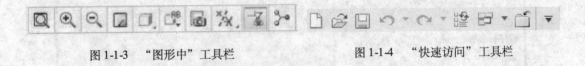

图 1-1-3　"图形中"工具栏　　　　　　　　图 1-1-4　"快速访问"工具栏

4）功能区（见图 1-1-5）。横跨界面顶部的上下文相关菜单，其中包含在 Creo Parametric 中使用的大多数命令，功能区通过选项卡与组来将命令安排成逻辑任务。

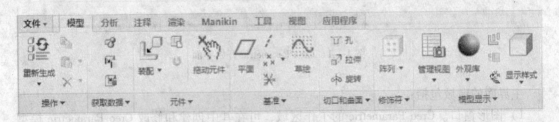

图 1-1-5　功能区

5）操控板。位于主界面顶部，当创建或编辑特征定义时，操控板会显示出来。操控板为执行特征的创建或编辑等任务提供控制、输入、状态和指导，更改会立即显示在屏幕上。各种操控板选项卡都可与其他特征选项配合使用。操控板左侧的图标包括特征控件，而"暂停"（Pause）、"预览"（Preview）、"创建特征"（Create Feature）与"取消特征"（Cancel Feature）选项放在操控板的右侧。图 1-1-6 所示为"拉伸"命令的操控板。

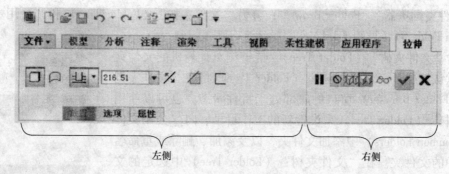

图 1-1-6　"拉伸"操控板

6）对话框（见图 1-1-7）。上下文相关窗口，其用于显示其他信息以及提供提示信息。

7）状态栏（见图 1-1-8）。位于主界面底部，状态栏包含用来打开及关闭模型树与 Web 浏览器窗格的图标。此外，还包含消息日志、重新生成管理器、3D 框选择器与选择过滤器。

8）消息日志（见图 1-1-9）。消息日志可提供来自 Creo Parametric 的提示、反馈与消息。

9）菜单管理器（见图 1-1-10）。在 Creo Parametric 中使用某些功能与模式时，显示在界面最右侧的级联菜单。在此菜单中，通常会以从上到下的方式操作；但是，当单击"完成"（Done）选项时，则以从下往上的方式执行。当单击鼠标中键时，会自动选择粗体菜单选项。

2. Creo Parametric 文件夹浏览器

导航器是 Creo Parametric 开始界面顶部含有一系列选项卡的窗格。在那些选项卡中，有一个选项卡是"文件夹浏览器"。默认情况下，Creo Parametric 会启动并打开"文件夹浏览器"（Folder Browser）。"文件夹浏览器"（Folder Browser）能够浏览计算机及网络上的文件夹。可通过拖动窗口分割工具来调整"文件夹浏览器"（Folder Browser）的宽度大小，也可通过单击状态栏中的图标来完全关闭导航器。

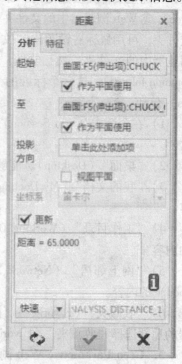

图 1-1-7　对话框

图 1-1-8　状态栏

```
⇨选取曲面、轴或点来放置孔。
•零件的自动再生已经完成。
⇨选取组件中的元件以定义放置。
•成功重定义元件。
```

图 1-1-9　消息日志

　　"文件夹浏览器"（Folder Browser）分为"文件夹树"（Folder Tree）和"公用文件夹"（Common Folders）（见图 1-1-1）。

　　（1）"文件夹树"（Folder Tree）　能够浏览计算机的文件夹结构。默认情况下，"文件夹树"（Folder Tree）将在"文件夹浏览器"（Folder Browser）窗口的底部处于折叠状态。也可以使用"文件夹树"（Folder Tree）来设置新的工作目录、向"公用文件夹"（Common Folders）中添加文件夹，以及添加、删除或重命名计算机中的文件夹。在"文件夹树"（Folder Tree）中选定的文件夹的内容将显示在 Web 浏览器中。

图 1-1-10　菜单管理器

　　（2）"公用文件夹"（Common Folders）区域　包含一些文件夹，当这些文件夹被选定时，系统会指向"文件夹树"（Folder Tree）或 Web 浏览器中的文件夹位置。要向界面的这个区域添加文件夹，可用鼠标右键单击"文件夹树"（Folder Tree）或 Web 浏览器中的文件夹，然后选择"添加到公用文件夹"（Add to common folders）。这六个标准的"公用文件夹"（Common Folders）包括：

　　1）"在会话中"（In Session）。能够查看当前在会话中的所有文件。

　　2）"桌面"（Desktop）。能够查看"桌面"（Desktop）的内容。

　　3）"我的文档"（My Documents）。能够查看"我的文档"（My Documents）文件夹的内容。

　　4）"工作目录"（Working Directory）。能够查看当前"工作目录"（Working Directory）的内容。

　　5）"网上邻居"（Network Neighborhood）。能够查看"网上邻居"（Network Neighborhood）的内容。

　　6）"收藏夹"（Favorites）。能够查看将其指定为收藏夹的文件夹或网站，也可以从导航器的顶部选择"收藏夹"（Favorites）选项卡。

　　3. Creo Parametric Web 浏览器

　　Web 浏览器是一种 Creo Parametric 中的集成内容查看器，它与"文件夹浏览器"（Folder Browser）配合使用，能够找到计算机上的文件以及浏览 Web 网页。Web 浏览器被嵌入到 Creo Parametric 界面中，并可在整个图形窗口上滑动。Web 浏览器分为三部分：文件列表、预览窗口和浏览器控件，如图 1-1-11 所示。

　　（1）文件列表　显示在"文件夹浏览器"（Folder Browser）中选择的文件夹的内容，如图 1-1-12 所示。可设置"列表"、"缩略图"或"详细信息显示"，根据文件类型过滤列表，或显示文件的实例和/或所有版本。双击文件夹可以查看其内容，双击文件可以在 Creo Parametric 中将其打开。选择一个文件可以在预览窗口中对其进行预览，将其拖放至图形窗口中可以将其打开。在文件列表中也可以剪切、复制、粘贴和删除文件夹和对象。

　　（2）预览窗口　当从文件列表中选择模型时，可通过展开预览窗口来动态预览该模型，如图 1-1-13 所示。也可在预览窗口中"旋转"、"平移"和"放大"来观察模型几何，也可以编辑模型显示。默认情况下，系统在 Web 浏览器的底部折叠预览窗口。

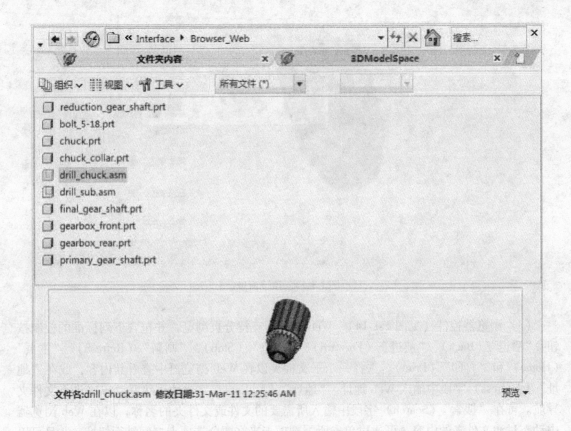

图 1-1-11　Web 浏览器

名称	大小	上次修改时间
Browser_Web_composite.ssd	188 KB	14-Jun-11 04:40:04 AM
bolt_5-18.prt	106 KB	31-Mar-11 12:23:58 AM
chuck.prt	334 KB	31-Mar-11 12:23:58 AM
chuck_collar.prt	696 KB	31-Mar-11 12:23:58 AM
drill_chuck.asm	69 KB	31-Mar-11 12:25:46 AM
drill_sub.asm	84 KB	31-Mar-11 12:25:46 AM
final_gear_shaft.prt	1 MB	31-Mar-11 12:24:00 AM
gearbox_front.prt	1 MB	31-Mar-11 12:24:00 AM
gearbox_rear.prt	2 MB	31-Mar-11 12:24:00 AM
primary_gear_shaft.prt	365 KB	31-Mar-11 12:24:00 AM

图 1-1-12　文件列表

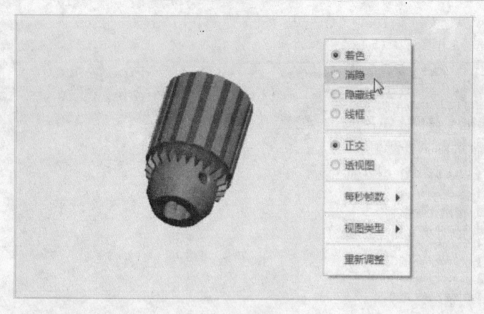

图 1-1-13　预览窗口

（3）浏览器控件（见图 1-1-14）　Web 浏览器支持分页浏览，并包含下列标准的控制按钮："后退"（Back）、"前进"（Forward）、"停止"（Stop）、"刷新"（Refresh）、"主页"（Home）和"打印"（Print）。选择一个子文件夹以在 Web 浏览器中查看其内容，或在"地址"（Address）字段中输入 Web 地址。"地址"（Address）字段使用级联菜单来进行文件夹导航。可在"搜索"（Search）字段中输入所需要的文件或文件夹的名称，以在 Web 浏览器中动态过滤文件夹的内容。可通过单击所需选项卡来在两个选项卡之间进行切换，并且可以添加和关闭选项卡。

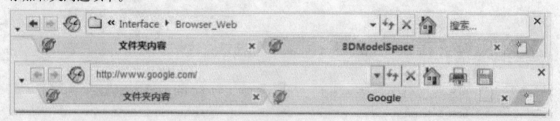

图 1-1-14　浏览器控件

可拖动 Web 浏览器右侧的竖直边来调整其宽度，其方法与调整其他大多数窗口的尺寸的方法相同。也可通过单击状态栏中的"Web 浏览器"（Web Browser） 来打开或关闭 Web 浏览器。

4. 设置工作目录及打开和保存文件

（1）设置工作目录　工作目录是打开和保存文件的指定位置。通常，默认工作目录为启动 Creo Parametric 的目录。设置新的工作目录有以下三种方法：

1）从"文件夹树"（Folder Tree）或 Web 浏览器中设置工作目录。用鼠标右键单击将成为新工作目录的文件夹并选择"设置工作目录"（Set Working Directory）选项，如图 1-1-15 所示。

2）从"文件"（File）菜单中单击"文件"（File）→"管理会话"（Manage Session）→"选择工作目录"（Select Working Directory）选项，浏览并选择将成为新工作目录的目录，单击"确定"（OK）按钮。

3）从"文件打开"（File Open）对话框中用鼠标右键单击将成为新工作目录的文件夹并选择"设置工作目录"（Set Working Directory）选项。

（2）打开文件　打开文件可使用以下方法：

1）使用"导航器"（Navigator）浏览到所需的文件夹（通过公用文件夹或文件夹树），以在 Web 浏览器中显示其内容。然后，在文件列表中双击文件，或在文件列表中用鼠标右键单击文件并选择"打开"（Open）选项。

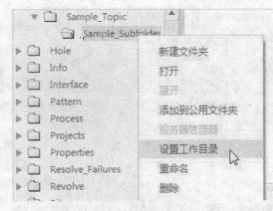

图 1-1-15　在"文件夹树"中设置工作目录

2）将文件从文件列表拖动到图形窗口中。

3）单击"文件"（File）→"打开"（Open）或从"快速访问"工具栏中单击"打开"（Open）📂按钮，随即出现"文件打开"（File Open）对话框。浏览到文件并选择它，然后双击它或者单击"打开"（Open）选项。

"文件打开"（File Open）对话框与主界面中的"导航器"（Navigator）与"浏览器"（Browser）组合等效。

（3）保存文件　保存文件可使用以下方法：

1）单击"文件"（File）→"保存"（Save）选项。

2）从"快速访问"工具栏中单击"保存"（Save）🖫按钮。默认情况下，将文件保存到当前工作目录中。但是，如果文件是从工作目录之外的目录中检索的并随后进行了保存，则该文件将保存到从中检索的目录。

3）保存文件的副本　可通过单击"文件"（File）→"另存为"（Save As）→"保存副本"（Save a Copy）保存现有文件的副本。保存副本能够创建文件的精确副本，但是具有不同的名称。保存装配的副本时，还必须确定如何管理其从属元件。可通过使用扩展重命名从属元件或为所有从属元件指定新名称保存其副本，或可决定不保存它们。

5. 功能区界面

Creo Parametric 的大多数模式已重新组织到功能区样式的用户界面中。功能区显示在图形窗口上方。功能区结构由下列项目组成：

（1）"文件"（File）菜单　其中包含常用的系统命令，如图 1-1-16 所示。

（2）任务　已组织为一系列选项卡。

（3）选项卡　其中包含图标命令组，如图 1-1-17 所示。

（4）当前正在创建的特征　其堆叠在后续功能区选项卡中，例如，"拉伸"（Extrude）→"草绘"（Sketch）→"旋转调整大小"（Rotate Resize）。

6. 在 Creo Parametric 中管理文件

（1）"在会话中"（In Session）保存并将模型从其中拭除　Creo Parametric 是基于内存

的系统，这意味着在处理文件时，创建和编辑的文件是存储在系统内存（RAM）中的。请一定记住：如果断电或系统崩溃，则未保存的文件可能会丢失。当模型位于系统内存中时，称为"在会话中"（In Session）。

图 1-1-16　备用功能区与主页选项卡

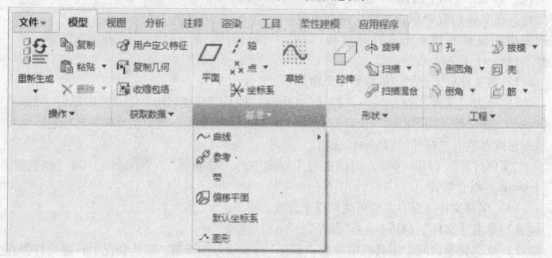

图 1-1-17　活动零件功能区、模型选项卡与基准组的一部分

在拭除模型或退出 Creo Parametric 之前，模型存储"在会话中"（In Session）（在系统内存或 RAM 中）。当关闭包含模型的窗口时，模型仍为"在会话中"（In Session）。在处理名称相同、但处于不同完成阶段的文件时，这一点尤其重要。"文件夹浏览器"（Folder Browser）和"文件打开"（File Open）对话框都提供能够仅显示"在会话中"（In Session）的模型的图标，如图 1-1-18 所示。

从"在会话中"拭除模型有两种方法：

1）拭除当前：只有当前窗口中的模型从系统内存中拭除（并且窗口

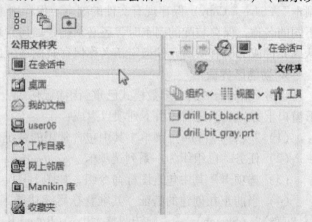

图 1-1-18　"文件夹浏览器"中的"在会话中"和"文件打开"对话框

关闭）。单击"文件"（File）→"管理会话"（Manage Session）→"拭除当前"（Erase Current）选项，将当前窗口的内容从系统内存中拭除。

2）拭除未显示的：仅从系统内存中拭除在任何 Creo Parametric 窗口中都找不到的模型。单击"文件"（File）→"管理会话"（Manage Session）→"拭除未显示的"（Erase Not Displayed）选项，或者将"拭除未显示的"（Erase Not Displayed）🖉图标添加到"快速访问"（Quick Access）工具栏。

注意：拭除模型并不会将它们从硬盘驱动器或网络存储区域删除，而只是将它们从该"在会话中"移除。

（2）了解版本号　每次保存对象时，都将其写入磁盘。系统会在磁盘上创建文件的新版本并为其分配版本号（版本号会在每次保存文件时增加），而并不是在磁盘上覆盖当前文件。这也称为点数，如图 1-1-19 所示。

（3）删除模型　永久删除文件会将文件从硬盘驱动器或网络存储区域的工作目录中移除。删除文件时一定要小心，因为文件的删除无法撤销。

图 1-1-19　模型版本

删除模型有两种方法：

1）删除旧版本：系统删除给定文件除最新版本以外的所有版本。

2）删除所有版本：系统删除给定文件的所有版本。

（4）重命名模型　如果需要编辑模型的名称，可以从 Creo Parametric 中直接对其进行重命名，如图 1-1-20 所示。

重命名模型有两种方法：

1）在磁盘上和在会话中重命名：系统在系统内存中和硬盘驱动器上重命名文件。

2）在会话中重命名：系统仅在系统内存中重命名文件。

图 1-1-20　"重命名"对话框

7. 显示样式选项

在图形窗口中有六种不同的 3D 模型显示选项：

（1）"利用边着色"（Shading With Edges）　根据视图方向对模型进行着色，并突出显示模型的边。

（2）"利用反射着色"（Shading With Reflections）　根据视图方向对模型进行着色。在模型的下方，直接将阴影和反射放置到虚构底面上。

（3）"着色"（Shading）　根据视图方向对模型进行着色。隐藏线在着色的视图显示中不可见。

（4）"消隐"（No Hidden）　不显示模型中的隐藏线。

（5）"隐藏线"（Hidden Line）　默认情况下，模型中的隐藏线将显示为比可见线略浅的颜色。

（6）"线框"（Wireframe）　隐藏线与常规线以同样的方式进行显示（所有线都是同

一个颜色）。

图 1-1-21 所示为同一模型的六种不同的显示样式。

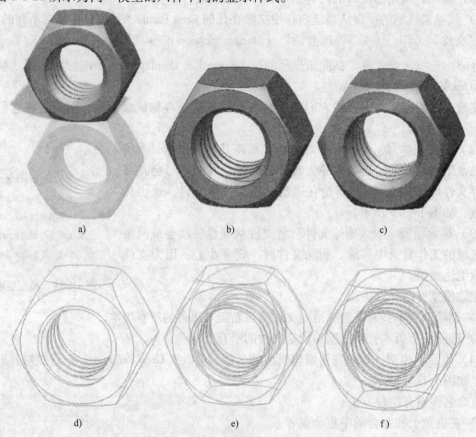

图 1-1-21　同一模型的六种不同的显示样式

a）利用反射着色　b）利用边着色　c）着色　d）消隐　e）隐藏线　f）线框

可以通过重画命令将视图中暂时显示的信息全部移除，从而使绘图区更清晰。重画就是将重绘屏幕，可通过在"图形中"工具栏中单击"重画"（Repaint）按钮来加以执行。

8. 分析基本 3D 方向

（1）使用键盘和鼠标组合进行定向　要在特定的方向上查看模型，可使用键盘和鼠标功能的"组合旋转"、"平移"和"缩放模型"选项。使用键盘和鼠标组合进行定向的具体操作方式见表 1-1-3。

表 1-1-3　使用键盘和鼠标组合进行定向

定向	键盘和鼠标选择
旋转	
平移	⇧ Shift ＋

（续）

定向	键盘和鼠标选择
缩放	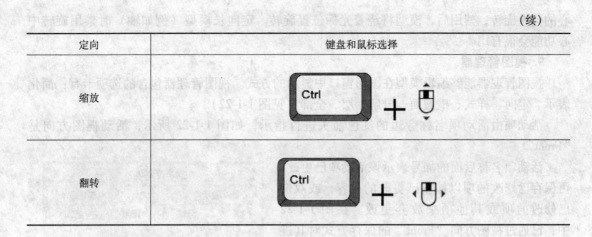
翻转	

放大前将光标置于关注的区域上，缩放功能可将光标位置用作其焦点的区域，使用滚轮即可进行缩放。要控制缩放的等级，可在使用滚轮时按下指定的键，具体组合方式见表1-1-4。

表1-1-4　使用键盘和鼠标组合进行缩放

缩放等级	键盘和鼠标选择
旋转	
精缩放	
粗缩放	

（2）附加方向选项　除了可使用键盘和鼠标组合进行定向外，还可使用以下附加模型方向选项进行定向：

1）"上一个"（Previous）。将该模型恢复到先前显示的方向。

2）"重新调整"（Refit）。在图形窗口中重新调整整个模型。

3）"已命名视图"（Named Views）。显示可用于给定模型保存的视图方向的列表。选择所需保存的视图名称和选定视图的模型重定向。默认的 Creo Parametric 模板包括以下视图：

①标准方向。无法改变的初始3D方向。

②默认方向。与标准方向相似，但是可将其方向重定义到其他方向。

③BACK、BOTTOM、FRONT、LEFT、RIGHT和TOP。

4）"旋转中心"（Spin Center）。启用和禁用旋转中心。启用后，模型将绕着旋转中心的位置旋转；禁用后，模型将绕着光标位置旋转。定向长模型（例如轴）时禁用旋转中心功能会很有用。

9. 视图管理器

视图管理器能够编辑模型在图形窗口中显示的方式。视图管理器包含的选项卡有：简化表示、定向、样式、横截面、分解、层、全部（见图 1-1-22）。

活动项由活动项名称旁边的红色箭头进行指示，如图 1-1-22 所示，活动视图方向是"Front"。

活动项名称后面的加号表示该活动项已更改，可保存已修改的项以捕获已更改的内容，或双击已修改的项或其他项来放弃更改。在图 1-1-22 中，已通过视图方向"Front"的保存方式对其进行了修改。

（1）创建新的视图方向　可以使用视图管理器或"方向"（Orientation）对话框创建新的视图方向。在创建新的视图方向时，会为视图创建一个默认名称。如有需要，可以修改视图名称。自动在当前的模型方向上创建新的视图方向，可以通过重定义视图方向对其进行编辑，可以通过"方向"（Orientation）对话框明确定义模型方向，与使用键盘和鼠标功能相比，这种方法更为方便。

图 1-1-22　视图管理器

在视图管理器的"定向"（Orient）选项卡中，显示的视图方向与"已命名视图"（Named Views）$\square_{\cdot}^{\text{RE}}$ 和"方向"（Orientation）对话框中显示的相同。

（2）按参考定向　在"方向"（Orientation）对话框中更改模型方向的一个方法是按参考"定向"。通过按参考"定向"选项，可以选择要定向模型所使用的参考。定向一个模型需要两个方向和两个参考。

可以在"方向"（Orientation）对话框中单击"撤消"（Undo），以撤消任何所做的更改，模型返回到最当前的视图状态。

（3）在"方向"（Orientation）对话框中创建视图方向　从"图形中"工具栏中的"已命名视图"（Named Views）$\square_{\cdot}^{\text{RE}}$ 下拉列表的底部或从"视图"（View）选项卡中的"方向"（Orientation）组中单击"重定向"（Reorient）$\downarrow_{\cdot}^{\cdot}$ 按钮，可以直接打开"方向"（Orientation）对话框。该方法可直接在对话框内显示保存的视图。因此，可以按参考"定向"并且直接在对话框内保存新的视图方向，这种方法可代替使用视图管理器。

10. 管理和编辑外观

默认情况下，将为新模型分配一个灰色的实体外观。可使用外观调色板来为整个模型、曲面或装配中的元件设置新外观。外观库包含用户定义的外观列表，公司通常会创建这些外观并将其配为标准。当启动 Creo Parametric 时，系统通常会自动加载公司特定的外观库。

Creo Parametric 内的外观通常围绕着三个主要任务：创建和编辑外观、应用和清除外观、管理外观。

（1）外观库 可从"外观库"（Appearance Gallery）类型下拉菜单中访问外观库。外观库分为三个不同的调色板：

1）"我的外观"（My Appearances）。显示可用的用户定义的外观列表。

2）"模型"（Model）。显示被应用于元件、零件或曲面显示的外观。

3）"库"（Library）。显示要使用的外观所在的预定义库。这些库精确地模拟了实际材料，包括金属材料和塑料，通过展开其旁边的下拉列表所显示的库可进行材料的切换显示。

（2）外观管理器 外观管理器能够管理外观。可通过从"外观库"（Appearance Gallery）类型下拉菜单中选择"外观管理器"（Appearances Manager） 选项来访问外观管理器。"外观管理器"（Appearances Manager）对话框包含左侧的外观库内容和右侧的外观编辑器，如图 1-1-23 所示。

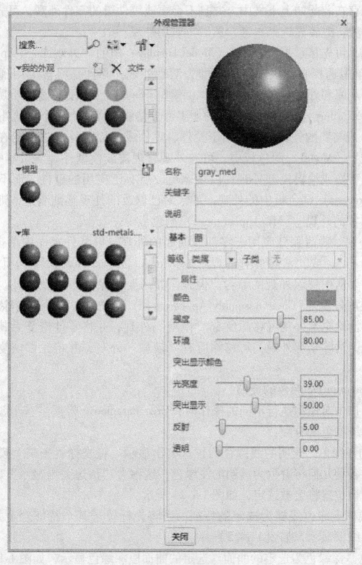

图 1-1-23 外观管理器

（3）创建和编辑外观　外观包括"颜色"和"突出显示颜色"。可以在外观编辑器中修改二者的属性，以创建所需的外观，甚至可以将纹理和贴花应用于外观。

要在外观管理器中编辑外观，必须首先将其复制到"我的外观"（My Appearances）调色板中。可通过单击右键并选择"复制到我的外观"（Copy to My Appearances）选项从"库"（Library）调色板或"模型"（Model）调色板中复制外观；也可以在"我的外观"（My Appearances）调色板中选择一个外观并单击"新外观"（New Appearance）🗂选项，以新名称复制该外观。

此外，还可在外观库中右键单击某个外观并选择"编辑"（Edit）选项来编辑该外观，这将会启动"外观编辑器"。

（4）应用外观　已创建外观后，即可将其应用于整个零件模型、零件曲面或装配中的元件。

如有必要，可使用选择过滤器来过滤要应用外观的项。如果将外观分配到装配级的零件，则外观将保存在装配的上下文中，并且不会更改零件级的零件外观。可先选择外观，然后将其应用到参考，或者先选择参考，然后再应用外观。

要应用外观，可先从"模型显示"（Model Display）组的"外观库"（Appearance Gallery）类型下拉菜单中选择它。该选定外观即为活动外观，并且是将被应用到选定参考的外观。还可使用外观库和外观管理器顶部的"搜索"（Search）字段来搜索外观。单击"外观库"（Appearance Gallery）类型下拉菜单的上半部分将能够应用上一个活动外观。

（5）模型外观与我的外观　被应用于元件、零件或曲面的外观将显示在外观库和外观管理器的"模型"（Model）调色板中，可在外观管理器或模型外观编辑器中修改"模型"外观。这样能够替换或编辑模型外观，以动态更改所有已应用的事件，而不影响"我的外观"（My Appearances）调色板中的外观。如果对已修改的外观感到满意，则可将其复制到外观管理器的"我的外观"（My Appearances）调色板中。

（6）清除外观　要清除已应用于零件或曲面的外观，可从外观库中单击"清除外观"（Clear Appearance）🖊或"清除所有外观"（Clear All Appearances）🖊选项。清除外观时，系统将提示选择要从中移除外观的参考。但是，如果要仍保留"模型"外观，可从外观库中单击"清除装配外观"（Clear Assembly Appearances）🖊选项，以便仅清除装配外观。

对于零件，清除全部外观可移除所有"模型"外观，并将零件恢复为其默认的已分配外观。对于装配，清除全部外观，可移除所有"模型"外观，并将元件恢复为其在零件级分配的外观。

11. Creo Parametric 颜色的反馈

当在图形窗口中对模型执行不同的操作时，Creo Parametric 将提供基于颜色的反馈。以下选项解释了系统颜色的分配：

（1）透明的浅绿色　透明的浅绿色为预选突出显示。将光标置于某个模型或模型的某个区域之上时，各种几何将着色为透明的浅绿色，这称为"预选突出显示"。用于指示要单击某个位置，则该位置将会被选定，如图 1-1-24 所示。

（2）绿色线框　绿色线框为选定的特征。当将光标置于某个特征之上并将其选定时，该特征将以绿色线框显示，如图 1-1-25 所示。

（3）深绿色　深绿色为选定的曲面。选定的曲面以深绿色显示，如图 1-1-26 所示。

（4）橙色　橙色为预览几何或元件。模型中的新特征几何以橙色为预览颜色，从而能

够预览已完成的模型。同样，完全约束的新组装的元件也以橙色为预览颜色，如图 1-1-27
所示。

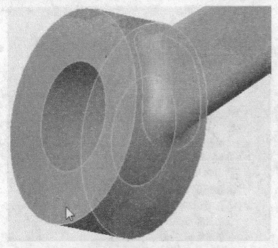

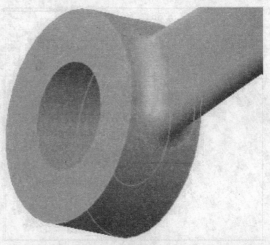

图 1-1-24　预选突出显示　　　　　　　　　　图 1-1-25　选定的特征

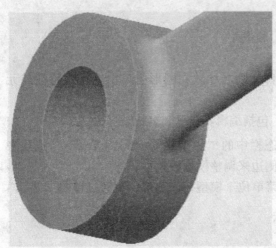

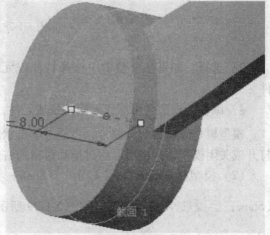

图 1-1-26　选定的曲面　　　　　　　　　　　图 1-1-27　预览几何

（5）紫色　紫色为预览元件装配。当在装配中组装新元件时，新元件显示为紫色。当
元件为完全约束时，其将显示为橙色。

12. 了解模型树

（1）模型树基础　模型树是导航器窗口的一部分，并且在默认情况下沿着主界面的左
侧显示。当打开零件模型、装配或绘图时，导航器会自动将其显示更改为模型树。模型树包
含特征或元件的层级列表，而该列表是按照那些特征和元件的创建顺序以及显示状况（隐
藏/非隐藏或隐含）进行排列的，如图 1-1-28 所示。

模型树也可被自定义为显示其他信息。模型树可应用于以下几方面：

1）可视化模型特征/装配元件。模型树显示所有构成模型的特征。对于装配，模型树
也显示构成装配的元件，并且可以显示每个已组装元件的装配约束。

2）可视化特征顺序/元件装配顺序。模型的特征以其创建顺序，自上而下进行显示。同样，装配的元件以其组装顺序，自上而下进行显示。

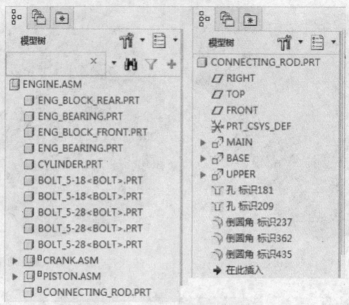

图 1-1-28　模型树

3）选择。如果在模型树中选择特征或元件，则会导致在图形窗口中选择该特征或元件。

4）编辑。模型树可用于编辑特征或元件，包括编辑其显示和名称。

模型树是导航器的一部分，可通过单击状态栏中的"模型树"（Model Tree）选项来打开或关闭模型树，也可以通过拖动窗格的右侧边来调整模型树大小。

（2）模型树显示选项　"显示"（Show）菜单位于模型树的顶部，可通过单击"显示"（Show）选项进行访问，如图 1-1-29 所示。

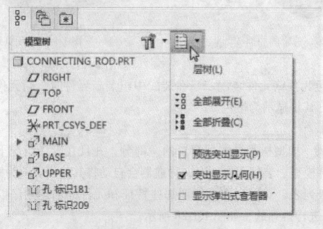

图 1-1-29　显示菜单选项

"显示"（Show）菜单包含下列选项：

1）"层/模型树"（Layer/Model Tree）。此选项显示在图 1-1-30 中，将模型树切换为"层树"，以使系统可以显示与模型、装配或绘图关联的所有层。

如果显示了层树，并且"显示"（Show）菜单处于选定状态，则"层树"（Layer Tree）菜单选项将被"模型树"（Model Tree）菜单选项取代。

2）"全部展开"（Expand All）。完全展开模型树和机构树中的每一个分支。

3）"全部折叠"（Collapse All）。完全折叠模型树和机构树中的每一个分支。

4）"预选突出显示"（Preselection Highlighting）。打开或关闭预选突出显示。当将光标置于模型树中的某个项之上时，如果预选突出显示已打开，则会在图形窗口中预选该项目。默认情况下，此选项将被关闭。

图 1-1-30 层树

5）"突出显示几何"（Highlight Geometry）。打开或关闭"突出显示几何"。当从模型树中选择某个项时，如果"突出显示几何"已打开，则也会在图形窗口中选择该项（显示为绿色）。

任务3 三维造型设计理念

一、Creo Parametric 建模的相关概念

1. 实体建模的概念

Creo Parametric 能够创建零件和装配模型的真实的实体模型，这些设计模型可用于在加工昂贵的模型之前，轻松地对其进行可视化和设计评估。

模型中包含材料属性，例如，质量、体积、重心和曲面面积，如图 1-1-31 所示。

随着从模型中添加或移除特征，这些属性也将更新。例如，如果向模型添加孔，则模型的质量会减少。

此外，在将实体模型放置到装配中时，实体模型可启用公差分析和间隙/干涉检查，如图 1-1-32 所示。

2. 基于特征的概念

Creo Parametric 是一种基于特征的产品开发工具。模型是使用一系列易于了解的特征而非使人混淆的数学形状和图元进行构建的。

模型的几何定义是由所使用特征的类型和放置每个特征所用的顺序进行定义的。每个特征都基于先前的特征，并可参考先前特征中的任何一个，从而能够使设计意图被构建到模型中。

通常，每个特征都非常简单，但将其添加到一起时，它们会形成复杂的零件和装配。

图 1-1-33 所示的示例中，连接杆是通过七个阶段进行创建的：

1）首先，创建一个拉伸，而该拉伸形成模型的整体形状和尺寸（见图 1-1-33a）。

2）在模型的顶部创建附加的拉伸（见图 1-1-33b）。

3）在模型的底部创建第三个拉伸（见图 1-1-33c）。

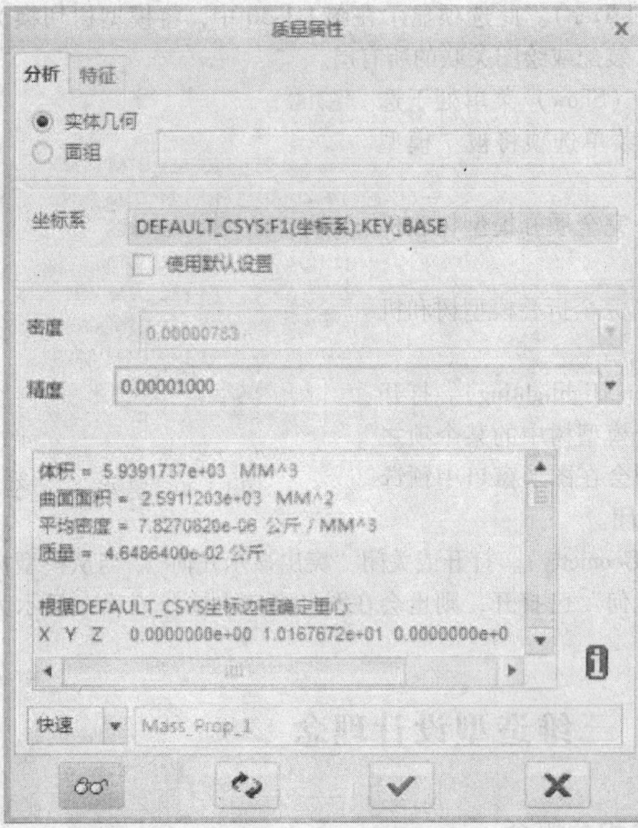

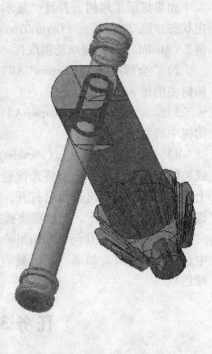

图 1-1-31　质量属性

图 1-1-32　间隙/干涉检查

4）在模型的底部创建孔（见图 1-1-33d）。

5）在模型的顶部创建另一个孔（见图 1-1-33e）。

6）在四条内边上创建倒圆角（见图 1-1-33f）。

7）在模型的顶部创建径向孔（见图 1-1-33g）。

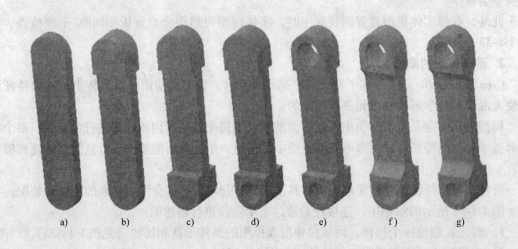

a)　　　　　　b)　　　　　　c)　　　　　　d)　　　　　　e)　　　　　　f)　　　　　　g)

图 1-1-33　连接杆特征

3. 参数化的概念

Creo Parametric 模型由值驱动，并使用尺寸和参数来定义模型中特征的尺寸和位置。如果修改某特征尺寸的值，则该特征会相应地更新。之后，此更改会自动传播到模型中相关的特征，并最终更新整个零件。

Creo Parametric 中特征之间的关系将提供一种用于捕获设计意图的强大工具。在建模过程中，被作为特征添加的设计意图是根据另一个设计意图创建的。

在创建新特征时，任何在创建过程中参考的特征都将成为新特征的父项。参考父项的新特征称为父项的子项。如果父项被更新，则父项的任何子项也会相应地更新，这种关系称为父项/子项关系。

图 1-1-34 所示为一个与孔特征相交的活塞模型。图 1-1-34b 所示活塞模型，活塞的高度已被从 18.5mm 修改为 25mm。请注意，孔随着活塞高度的增加而向上移动。活塞的设计意图是将孔定位在距活塞顶部一定距离的位置，无论活塞的高度如何变化，孔将始终保持该距离，此意图是通过将孔标注到活塞的顶部曲面进行添加的。

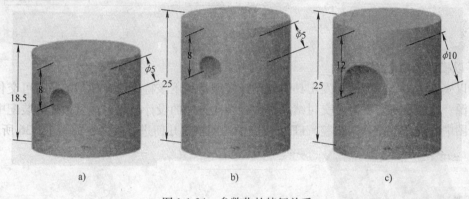

图 1-1-34   参数化的特征关系

如果设计的意图是将孔定位在距离活塞底部一定距离的位置，则应从活塞的底部曲面来标注该孔，从而在修改活塞高度时将产生不同的结果。图 1-1-34c 所示活塞模型显示了对孔的位置和直径所做的修改。

最佳做法是在模型中创建特征时，尽量参考稳固、不可能被删除且能提供所需设计意图的特征和几何。

4. 相关性的概念

相关性的含义是，在 Creo Parametric 的任何模式下对对象所做的更改将会自动反映在每个相关模式中，如图 1-1-35 所示。

例如，在绘图中所做的更改会反映在绘图中正在存档的零件中。该相同的更改也会反映在使用该零件模型的每个装配中。

不同模式之间的关联性是可能存在的，了解这一点非常重要，因为显示在绘图中的零件不会被复制到绘图中，而是被以关联的方式链接到绘图中。同样，装配不是包含装配中每个零件的副本的大文件，而是包含指向装配中所使用的每个模型的关联链接的文件。

最佳做法：因为绘图和装配文件中包含指向模型的关联链接，所以这些对象在不存在其所包含的模型的情况下是无法打开的。所以，不能仅将一个要打开的绘图文件发给对方，对方必须拥有绘图文件以及绘图中所参考的所有模型。对于装配，对方必须拥有装配文件以及所有在装配中使用的模型。

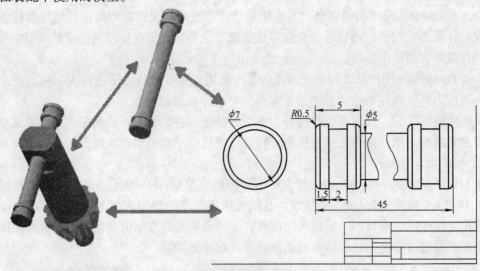

图 1-1-35　相关性

5. 以模型为中心的概念

在以模型为中心的产品开发工具中，设计模型是利用该特定设计模型的所有可交付结果的常用源。这表示所有下游可交付结果都直接指向常用的设计模型。模型被作为装配中的元件、绘图中的视图、模具的型腔、FEM 模型中的网格化几何进行参考，如图 1-1-36 所示。

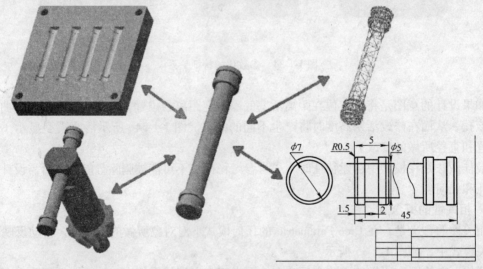

图 1-1-36　以模型为中心

使用以模型为中心的开发工具的好处是，对设计模型所做的更改会自动更新所有相关的下游可交付结果。

6. 识别文件扩展名

常用的 Creo Parametric 对象类型有三种：零件、装配和绘图。以下文件扩展名是用来标识这些对象类型的：

（1）.prt 此扩展名表示零件对象。

（2）.asm 此扩展名表示装配对象。装配文件包含用于标识和定位一批零件和子装配的指针和指令。

（3）.drw 此扩展名表示 2D 绘图。绘图文件包含用于归档绘图中的零件和装配模型的指针、指令和详图项。

二、Creo Parametric 基本建模过程

1. 准备零件模型设计

在创建新零件模型设计之前，通常需要获取装配中该零件模型设计周围的零件的相关信息。因此，在开始新设计之前，可能要打开并检查这些零件，这一准备阶段可能会与新零件模型设计同时进行，或根本不进行。

2. 创建新零件模型

新零件模型可通过基于实体特征的建模准确地从概念中捕获设计。零件模型可以在制造产品之前，以图形方式查看产品。零件模型可用于：①捕获质量属性信息；②改变设计参数以确定最佳选项；③在进行制造之前，以图形方式使模型可视化。

3. 通过装配零件模型创建新装配

装配是由一个或多个零件创建的。零件是相对于彼此的位置进行放置和装配的，就像在真实的产品上一样。装配可用于：①检查零件间的拟合；②检查零件间的干涉；③获取物料清单信息；④计算装配的总质量。

4. 创建零件或装配绘图

对零件或装配进行建模后，通常需要创建 2D 绘图，对该零件或装配进行归档。2D 绘图通常包含零件或装配的视图、尺寸和标题区。绘图还可能包含注解、表和其他设计信息。但是不是每个公司都需要模型绘图。

习 题

1. 通过"视图"（View）功能区选项卡中的"窗口"（Window）组可执行以下哪项操作？

A. 激活窗口   B. 打开窗口

C. 调整窗口大小   D. 在打开的窗口之间切换

E. 以上全部

2. 以下关于工作目录的陈述哪项是正确的？

A. 它会在退出 Creo Parametric 时保存   B. 它无法更改

C. 它是打开和保存文件的指定位置   D. 以上全部

E. 仅 A 和 C

3. "文件夹浏览器"（Folder Browser）分为_____。

A. "在会话中"（In Session）   B. "公用文件夹"（Common Fold）

C. "文件夹树"（Folder Tree）   D. 以上全部

E. 仅 B 和 C

4. 外观包含_____。

A. 颜色   B. 突出显示颜色

C. 纹理   D. 贴花

E. 以上全部   F. 仅 A 和 C

学习情境 2 垫圈类、定位支承元件设计

任 务 工 单

学习情境	学习情境 2 垫圈类、定位支承元件设计				
姓名		学号		班级	
任务目标	知识目标：掌握草图绘制与编辑的基本命令 　　　　掌握草图约束的基本含义及操作方法 　　　　掌握草图标注及尺寸修改的方法 能力目标：能够绘制、编辑二维草图 　　　　能够建立简单的三维模型 素质目标：具有问题分析能力、自我学习能力及创新能力				

任务描述	任务 1	
	任务 2	
	任务 3	

学习总结	

考核方法	项目	分值比例	分　　数		
			任务 1	任务 2	任务 3
	项目计划决策	10%			
	项目实施检查	50%			
	项目评估讨论	10%			
	职业素养	20%			
	学生互评	10%			
	总分	100%			

指导教师 评语	

任务1 圆形垫圈零件设计

一、圆形垫圈零件分析

圆形垫圈包括平垫圈、圆形小垫圈、圆形大垫圈和圆形特大垫圈。圆形垫圈一般用于金属零件的连接，以增加支承面积，防止损伤重要表面；而圆形大垫圈多用于木质结构中。平垫圈装配于螺母（螺栓、螺钉头部）与被连接件表面之间，保护被连接件表面，使之避免被螺母擦伤，并增大被连接件与螺母之间的接触面积，降低螺母等作用在被连接件表面上的单位面积压力。

根据圆形垫圈的主要造型结构（见图1-2-1），可以采用拉伸、旋转的方式来进行建模。

图1-2-1 平垫圈

二、平垫圈设计思路

建立三维模型，首先要绘制草图（二维图形），然后再进行拉伸、旋转、扫描、混合等操作（见图1-2-2），最终形成三维模型（见图1-2-3）。草图绘制是建立三维模型的基础。

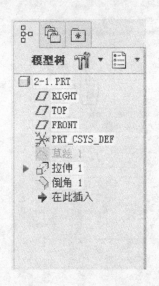

图1-2-2 设计思路

图1-2-3 平垫圈三维模型

三、平垫圈设计过程

1. 建立平垫圈文件

建立平垫圈文件如图1-2-4所示。

2. 绘制草图

绘制草图如图1-2-5所示。

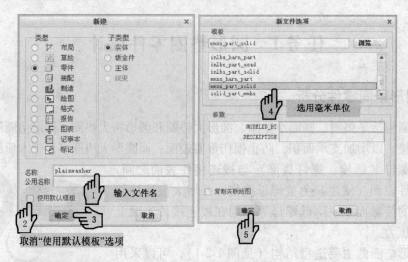

图 1-2-4　建立平垫圈文件

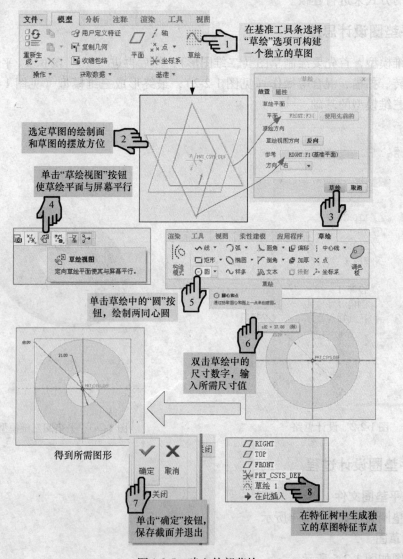

图 1-2-5　建立外部草绘

【小知识】

★草绘简介

草绘在实体建模中的作用。图 1-2-6 显示了在实体特征建模中草绘担当剖面和路径的角色。

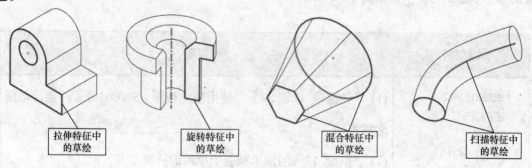

图 1-2-6　草绘作用

草绘分为外部草绘和内部草绘。外部草绘是独立的，在模型树中作为单独的节点存在，可以作为多个特征的剖面。而内部草绘则依附于单独的实体，不能用于其他特征。

外部草绘：单击"草绘"按钮，进入草绘环境，生成独立草绘。独立草绘在模型树中显示为单独的节点，如图 1-2-5 所示。

内部草绘：首先选择特征建模命令（见图 1-2-7 所示的拉伸 ⬚ 命令），然后在图形区中按下鼠标右键，在快捷菜单中选择"定义内部草绘"选项，或者在图 1-2-7 所示展开放置选项区，单击 定义... 按钮，进入草绘环境，生成特征的内部草绘，其节点位于特征节点之下。如果选择外部草绘作为特征剖面，定义... 按钮变换为 断开... 按钮，按下该按钮，将外部草绘

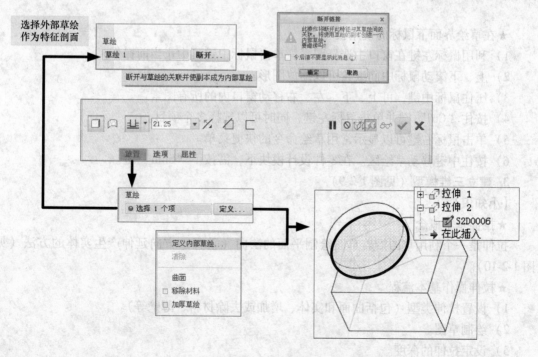

图 1-2-7　内部草绘

转换为内部草绘，但原外部草图在特征树中独立节点状态不变，外部草图的改变也不影响特征的变化；如不按下 断开… 按钮，外部草图将是特征的父项并以隐藏状态存在于特征树中。

如果创建了截面或选择了父"草绘"特征，生成的独立截面或从属截面将驻留于其各自的基于草绘的特征中，如图1-2-8所示。

模型树	说明
□ BLEND2.PRT 　▱ RIGHT 　▱ TOP 　▱ FRONT 　✕ PRT_CSYS_DEF ▼ 🗗 伸出项 标识39 　　☑ S2D0012 　🗟 草绘 1 　🗟 草绘 2 　✕✕ PNT0 ▼ ▨ 填充 1 　　☑ 草绘 2 　➡ 在此插入	(1)"伸出项 标识39"　使用独立截面（S2D0012）。注意，截面名称不同 (2)"草绘 1"　当前未被基于草绘的特征参考 (3)"草绘 2"　是填充特征"填充 1"的父草绘特征。注意指示父（被参考）草绘特征的不同的草绘图标 (4)"填充 1"（填充特征）　使用自同名的父"草绘"特征中复制的从属截面（"草绘 2"）

图1-2-8　基于草绘的特征

★在草绘界面下鼠标的使用技巧

1）利用鼠标左键在窗口中选择图素，单击鼠标中键可中止当前操作。

2）上、下滚动鼠标中间滚轮可以缩放图形。

3）压住鼠标中键，可上、下、左、右移动窗口内的所有图素。

4）按住"Ctrl"键并单击鼠标左键，同时可以选择多个项目。

5）单击鼠标右键可以显示常用草绘命令的快捷菜单。

6）按住中键移动草绘区。在零件设计模块下，需按下"Shift"键。

3. 建立三维模型（见图1-2-9）

【小知识】

★拉伸基本概念

拉伸是一个利用草图沿着草图绘制平面的法向（垂直）方向延伸产生实体的方法（见图1-2-10）。

★拉伸操作基本流程

1）设置拉伸类型（包括曲面和实体、增加或去除材料、薄壁等）。

2）绘制草图。

3）设定拉伸的深度。

★拉伸操控板简介（见图1-2-11）

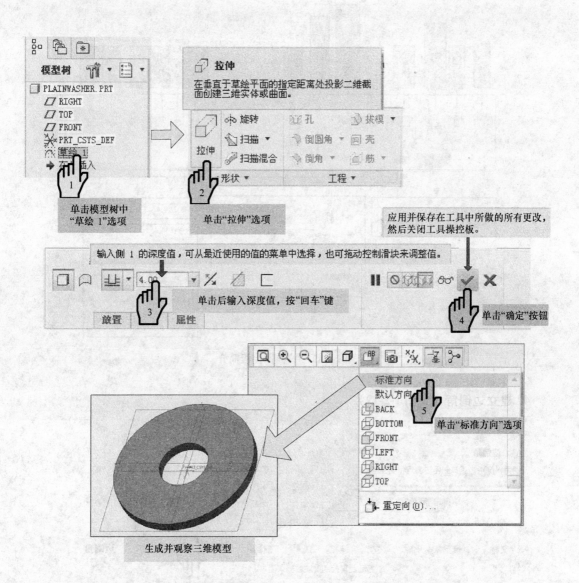

图 1-2-9　建立三维模型

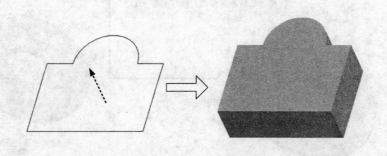

图 1-2-10　拉伸基本概念

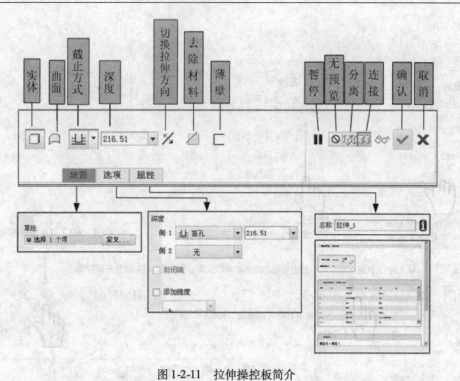

图 1-2-11 拉伸操控板简介

4. 建立边倒角（见图 1-2-12）

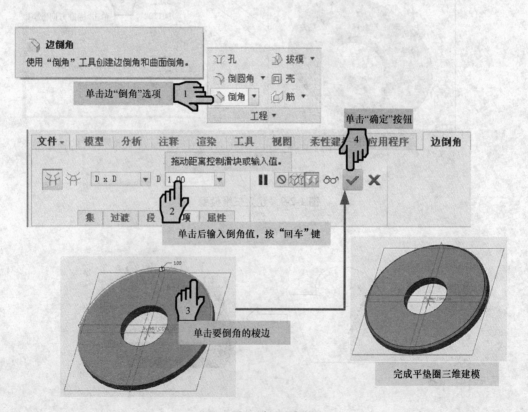

图 1-2-12 建立边倒角

【小知识】

★边倒角类型（见图1-2-13）

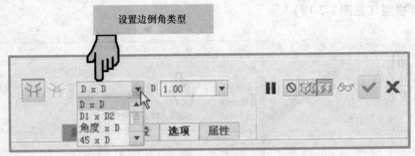

图1-2-13　边倒角类型

（1）D×D　在各曲面上与边相距（D）处创建倒角，如图1-2-14所示。Creo Parametric 默认选取此选项。

（2）D1×D2　在一个曲面距选定边（D1）、在另一个曲面距选定边（D2）处创建倒角，如图1-2-15所示。

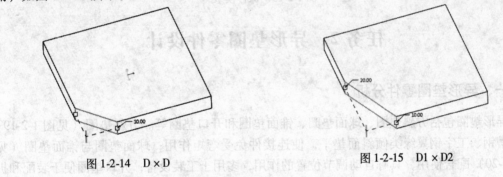

图1-2-14　D×D　　　　　　　　　　　　　图1-2-15　D1×D2

（3）角度×D　创建一个倒角，它距相邻曲面的选定边距离为（D），与该曲面的夹角为指定角度，如图1-2-16所示。

（4）45×D　创建一个倒角，它与两个曲面部成45°角，且与各曲面上的边的距离为（D），如图1-2-17所示。

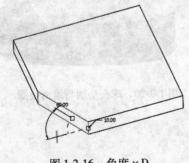
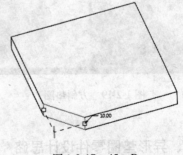

图1-2-16　角度×D　　　　　　　　　　　图1-2-17　45×D

（5）0×0　在沿各曲面上的边偏移（0）处创建倒角。仅当"D×D"类型不可用时，系统才会默认选取此选项。

（6）01×02　在一个曲面距选定边的偏移距离（01），在另一个曲面距选定边的偏移距离（02）处创建倒角。

5. 保存模型（见图 1-2-18）

图 1-2-18　保存模型

任务 2　异形垫圈零件设计

一、异形垫圈零件分析

异形垫圈包括方斜垫圈、球面垫圈、锥面垫圈和开口垫圈等。方斜垫圈（见图 1-2-19）用于槽钢、工字钢翼缘类倾斜面垫平，使连接件免受弯矩作用；球面垫圈与锥面垫圈（见图 1-2-20）配合使用，具有自动调节位置的作用，多用于工装设备；开口垫圈便于装配和拆卸，可以从侧面拆装，用于工装设备。根据异形垫圈的主要造型结构，可采用拉伸的方式对其建模，或采用多种建模方式进行综合建模。

图 1-2-19　方斜垫圈

图 1-2-20　球面垫圈与锥面垫圈

二、异形垫圈零件设计思路

以球面垫圈为例，如图 1-2-21 所示（设 $d = 83mm$，$D = 155mm$，$h = 32mm$，$SR = 120mm$），球面垫圈截面为一恒定截面，且球面垫圈为旋转体，因此，可以通过旋转特征生成球面垫圈的三维模型（见图 1-2-22）。

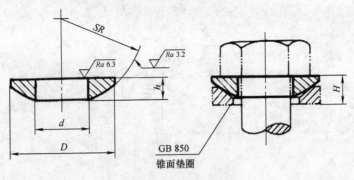

图 1-2-21 球面垫圈

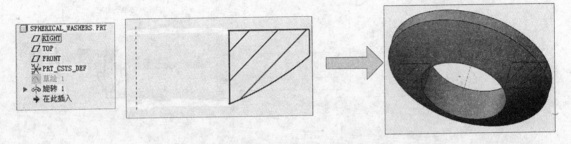

图 1-2-22 设计思路

三、异形垫圈零件设计过程

1. 建立异形垫圈零件文件

建立异形垫圈零件文件如图 1-2-23 所示。

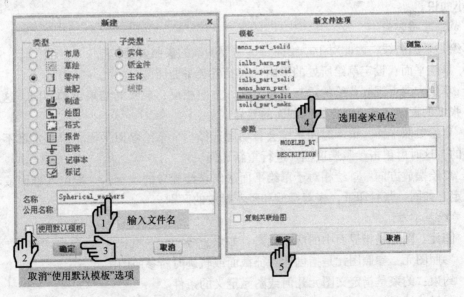

图 1-2-23 建立异形垫圈零件文件

2. 绘制草图

（1）确定草绘平面（见图 1-2-24）

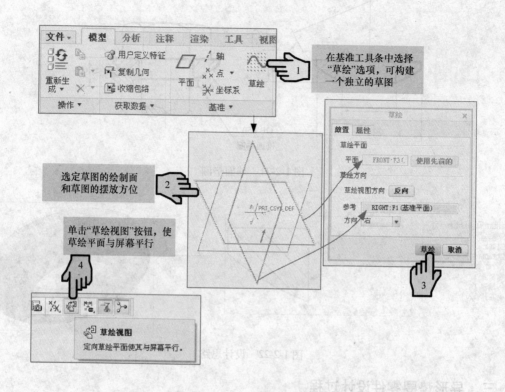

图 1-2-24　确定草绘平面

【小知识】

★草绘参照要素

草绘是平面曲线，因此对于草绘而言，需要明确的参照要素包括：

1）草绘平面：设定草绘所处的平面（包括各类平曲面）。

2）草绘方向：观察草绘的垂直视角方向，方向相反，观察的结果自然不同，这就如同选择一张纸的正面还是反面作为绘制面的差异。

3）草绘参照平面：很多时候系统会自动地选择一个草绘参照平面，但通常都不是人们所需要的，这时可单击参照选项框，进行重新选择。

4）草绘摆放方向：草绘相对于草绘平面法向直线旋转的状况，一般由基准面或者模型平面设定。如同一张打印纸，横着摆放和竖着摆放的区别。

★草绘基本术语

1）图元：图元是指界面中的所有元素，如点、线。

2）参照图元：参照图元是指创建特征截面或轨迹时所参照的图元。

3）约束：约束是指定义图元几何或图元定义的条件。

4）弱尺寸或弱约束：弱尺寸或弱约束是由系统自动建立的。弱尺寸是灰色的。

5）强尺寸或强约束：强尺寸或强约束是由用户创建的。强尺寸是黑色的。

6）冲突：冲突是指因多余条件产生的矛盾。

（2）草图轮廓绘制（见图1-2-25）

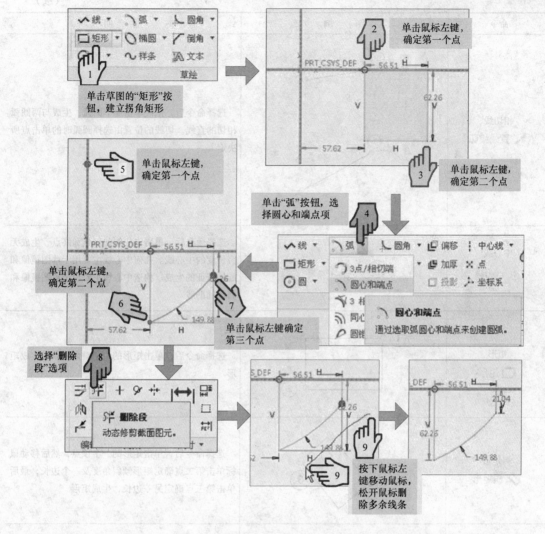

图 1-2-25 草图轮廓绘制

【小知识】

★草绘图元的一般绘制方法

在图形区中单击鼠标左键，确定图元的基本形状，按下鼠标中键或者按下键盘上的"Esc"键完成图元的绘制。各图元的绘制方法见表 1-2-1。

表 1-2-1 各图元的绘制方法

命令	图例	说明
直线 ∧ 线链	①———②	选择命令后，单击直线的起点和终点，单击鼠标中键结束，可以连续绘制出首尾相连的直线段

（续）

命　令	图　例	说　明
相切线 ✕ 直线相切		选择命令后，依次单击两个圆弧，生成与两圆弧相切的直线。切线的位置由选择圆弧时的单击点所决定
中心线 ⋮ 中心线		选择命令后，单击中心线的起点和终点，生成无穷长度的中心线。几何中心线主要用于草图镜像和旋转特征的生成。构造中心线主要用于草图镜像和其他辅助线
矩形 ▭ 矩形		选择命令后，单击矩形的两个对角顶点，生成矩形
斜矩形 ◇ 斜矩形		选择命令后，单击矩形的一个顶点，然后移动鼠标单击第二点确定矩形倾斜角度及一个边长，最后单击第三点确定另一边长，生成矩形
中心矩形 ▣ 中心矩形		选择命令后，单击矩形的中心和一个顶点，生成矩形
平行四边形 ▱ 平行四边形		选择命令后，单击平行四边形的一个顶点，然后移动鼠标单击确定平行四边形第二个顶点，最后单击第三点，生成平行四边形
圆 ◎ 圆		选择命令后，单击圆弧的中心和圆弧上的一点，生成圆弧

（续）

命令	图　例	说　明
同心圆 ◎ 同心	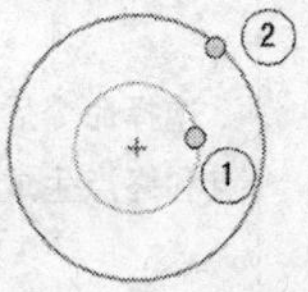	选择命令后，单击鼠标左键选择已有的一个圆弧作为参照（见图中的①），然后选择圆弧上的一点（见图中的②），生成与参照圆同心的圆弧
3 点圆 ○ 3点	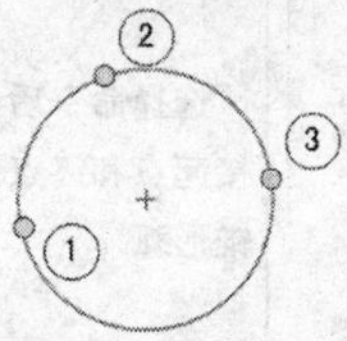	选择命令后，单击鼠标左键选择圆弧上的三个点，生成圆弧
3 相切圆 ○ 3 相切	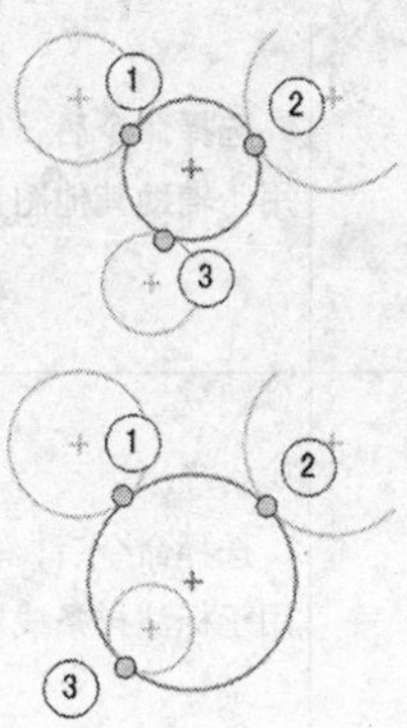	选择命令后，依次单击相切的三个圆弧，生成与三个圆弧相切的圆，根据选择位置的不同，生成的相切圆不同
椭圆 ◎ 中心和轴椭圆	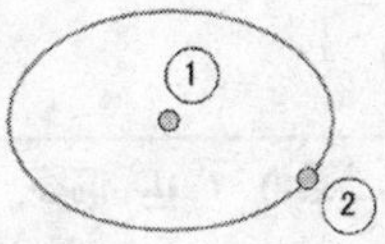	选择命令后，单击椭圆的中心点和椭圆上的一点生成椭圆
椭圆 ◎ 轴端点椭圆	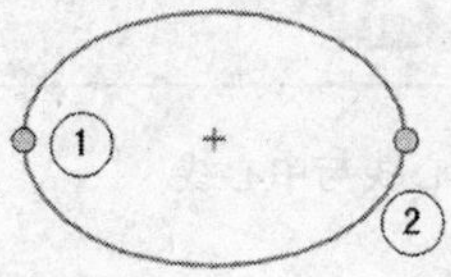	选择命令后，单击椭圆的轴端点生成椭圆
3 点弧或者起点相切弧 ⌒ 3点/相切端	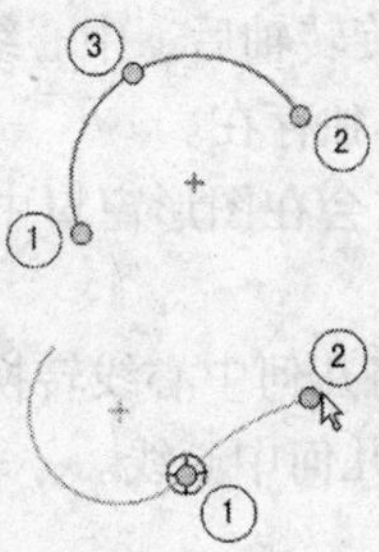	选择命令后，单击圆弧的起点、终点和弧上的一个点生成弧。如果选择已有（圆）弧或者直线的端点作为弧的起点，将会绘制出与已有弧或者直线相切的弧，单击弧的终点完成弧的绘制

（续）

命　令	图　例	说　明
圆心-端点弧 ◠ 圆心和端点	② 弧图例 ① ③	选择命令后，鼠标左键选择弧的圆心点、弧的起点和终点生成弧
锥形弧 ◠ 圆锥	③ ② ①	选择命令后，单击弧的起点和终点，生成一条连接起点和终点的中心线，继续选择弧上的一点生成锥形弧
点 ✖	① ⇒ ×	选择命令后，单击鼠标左键生成一个点。点主要用于辅助其他图元的绘制
坐标系 ⊥	① ⇒ ┼	选择命令后，单击鼠标左键生成坐标系。坐标系用于标注样条线以及某些特征的生成过程

★几何中心线与中心线的区别（见图1-2-26）

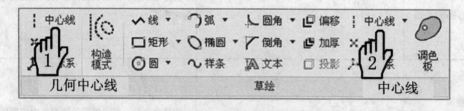

图1-2-26　几何中心线与中心线

1）几何中心线可以默认为旋转特征的旋转轴，无需指定。如果在旋转特征中创建的是中心线的话，还需要指定旋转轴。指定中心线为旋转轴后，中心线自动转换成几何中心线。

2）中心线是作为草绘图元的一部分，不能单独存在。

3）在草绘平面中创建一条几何中心线后，它会在图形窗口中显示为基准轴，可以被后面的特征所参照，即可单独存在。

4）右键几何中心线选取"构建"选项可以将几何中心线转换为草绘图元；同理，右键中心线选取"几何"选项也可以将中心线转换为几何中心线。

（3）编辑尺寸（见图1-2-27）

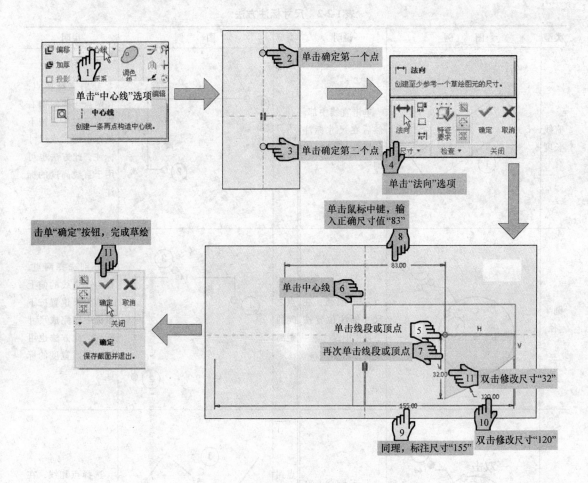

图 1-2-27　编辑尺寸

【小知识】

★尺寸的分类

尺寸分为强尺寸和弱尺寸。弱尺寸是指系统自动建立的尺寸，在没有用户确认的情况下软件系统可以自动删除它。强尺寸是指指软件系统不能自动删除的尺寸和约束。

★强、弱尺寸之间的转换方法

方法1：单击鼠标左键选取"弱尺寸"或"弱约束"，单击右键选择"强"命令。反之选择"删除"命令也可将强转为弱。

方法2：单击鼠标左键选取"弱尺寸"或"弱约束"，选择"编辑"菜单中"转换到"命令中的"加强"命令。

方法3：直接标注的新尺寸为强尺寸。

方法4：修改弱尺寸即转为强尺寸。

★标注原则

用鼠标左键选取几何元素（如圆、圆弧、线段、点、中心线等），用鼠标中键指定尺寸位置，即可完成尺寸标注。

★尺寸标注方法（见表1-2-2）

表 1-2-2　尺寸标注方法

类型	图　例	说明	类型	图　例	说明
直线长度	②210 ①	单击直线中部,然后在尺寸标注位置按下鼠标中键	点之间的距离	① ③ 112 ②	分别选择两点,在两点连线的偏右或者偏左位置按下鼠标中键完成尺寸标注。此方法也可用于直线高度的标注
圆半径	②72 ① +	单击圆弧,在尺寸标注位置按下鼠标中键	点之间的距离	③ 149 ① ②	分别选择两点,在两点连线的偏上或者偏下位置按下鼠标中键完成尺寸标注。此方法也可用于直线宽度的标注
圆直径	双击 ②144 ① +	双击圆弧,在尺寸标注位置按下鼠标中键	点到直线的距离	③ 97 ① ②	选择点和线,在点和线之间位置按下鼠标中键完成尺寸标注
点之间的距离	① 186 ③ ②	分别选择两点,在两点连线中心附近按下鼠标中键完成尺寸标注。此方法也可用于标注直线长度	对称尺寸	① ③ ② 113 ④	先单击点,然后单击中心线,再次单击点,在中心线附近按下鼠标中键完成对称尺寸标注。对称尺寸常用于旋转特征

（续）

类型	图例	说明	类型	图例	说明
角度尺寸	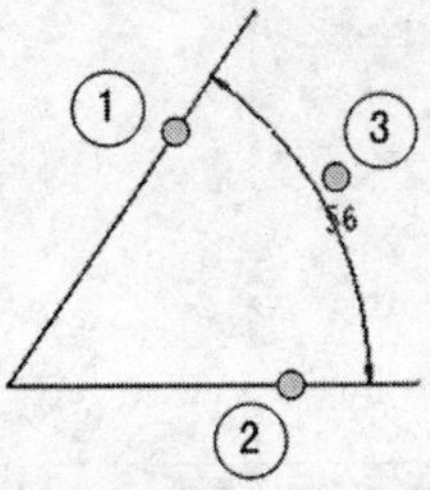	选择两条直线，然后在尺寸位置按下鼠标中键	圆弧之间的尺寸	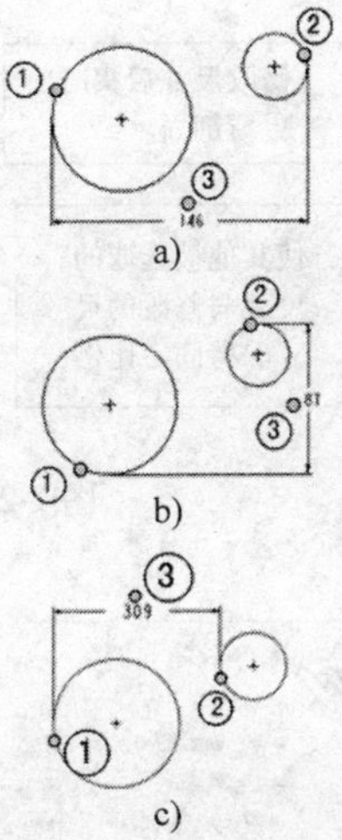	分别选择两个圆，在尺寸标注位置按下鼠标中键，标注水平或者竖直尺寸 注意：鼠标在圆弧上的单击位置决定标注结果，图 c 显示了选择大圆弧外侧和小圆弧内侧标注水平尺寸的结果
圆弧角度	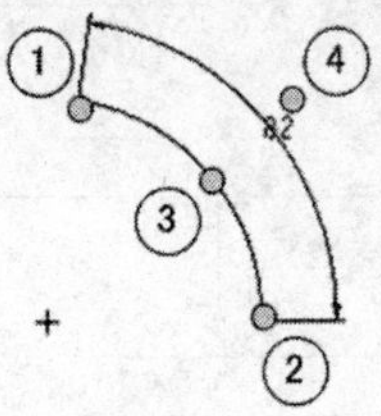	分别选择圆弧的两个端点，然后再单击圆弧中部，在圆弧外侧按下鼠标中键完成尺寸标注	圆心之间的尺寸	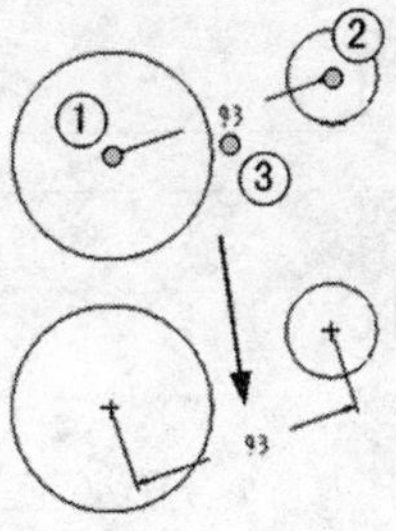	分别选择两个圆弧的中心，然后在圆弧中心连线附近按下鼠标中键完成尺寸标注，标注后可以拖动尺寸，改变其位置
周长	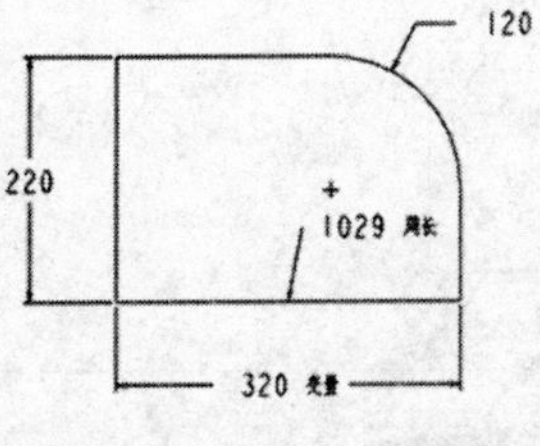	选中轮廓曲线链，选择□选项。指定闭合轮廓上的一个尺寸为被周长驱动的尺寸，当周长发生变化时，该被驱动尺寸作相应调整	创建坐标尺寸	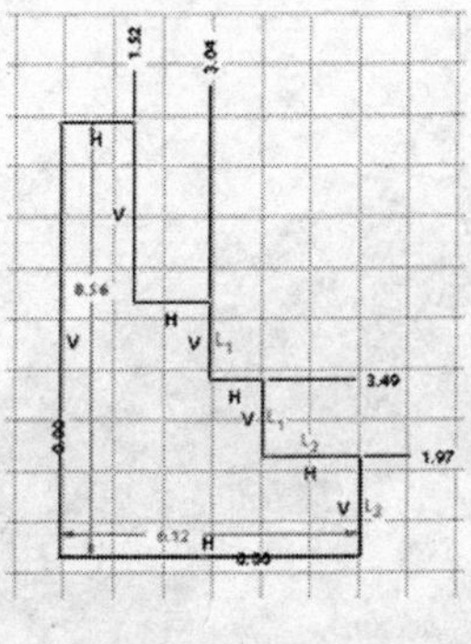	①创建基线：选择□按钮，选取基准图元（直线），中键确定基准文本放置位置 ②创建坐标尺寸：选择标注按钮，选取基准文本，单击要创建坐标尺寸的线，中键确定放置位置

★尺寸修改

方法 1：直接双击尺寸值，输入新值后，按"回车"键。

方法 2：可选择多个尺寸，调出"修改尺寸"对话框，如图 1-2-28 所示。

3. 建立三维模型

建立三维模型如图 1-2-29 所示。

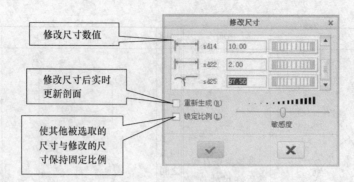

图 1-2-28　"修改尺寸"对话框

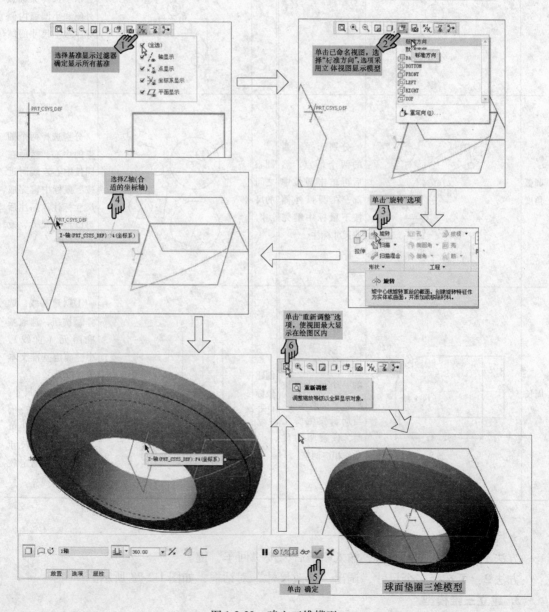

图 1-2-29　建立三维模型

【小知识】

★旋转特征

旋转特征就是将某个平面图形围绕某一特定的轴进行一定角度的旋转，最终形成某一实体的过程。在旋转实体中，穿过旋转轴的任意平面所截得的截面都完全相同。旋转特征一般用于创建关于某个轴对称的实体。旋转操作界面简介如图 1-2-30 所示。

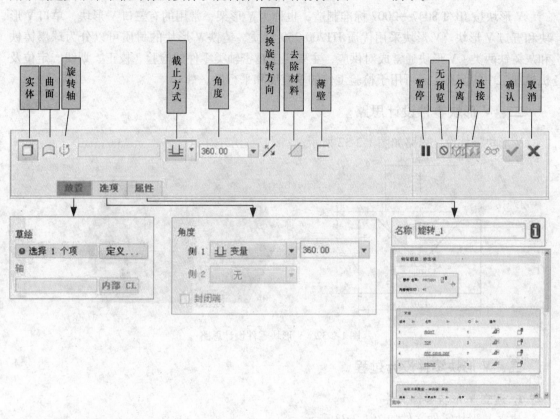

图 1-2-30　旋转操作界面简介

4. 保存三维模型

保存三维模型如图 1-2-31 所示。

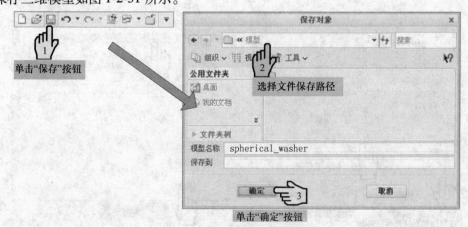

图 1-2-31　保存模型

任务 3　　V 形块设计

一、V 形块零件分析

V 形块按 JB/T 8047—2007 标准制造，也称为 V 形架，常用的有三口 V 形块，单口 V 形块和五口 V 形块。V 形块采用优质 HT200-250 材质，铸铁 V 形块的材质可以分为球墨铸铁和灰铸铁两类。V 形块通常成对供应，主要用于精密轴类零件的检验、校正、划线、定位及机械加工中的装夹，还可用于检验工件的垂直度和平行度。

二、V 形块零件设计思路

V 形块零件设计思路如图 1-2-32 所示。

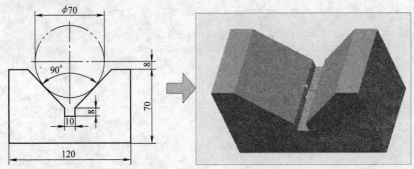

图 1-2-32　　V 形块零件设计思路

三、V 形块零件设计过程

1. 建立 V 形块零件文件

建立 V 形块零件文件如图 1-2-33 所示。

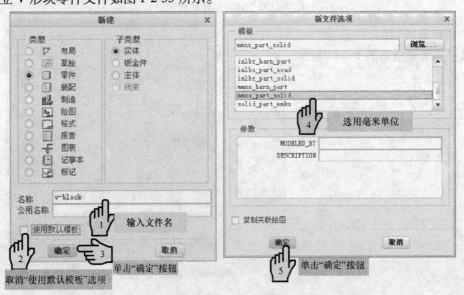

图 1-2-33　　建立 V 形块零件文件

2. 绘制草图

（1）确定草绘平面（见图 1-2-34）

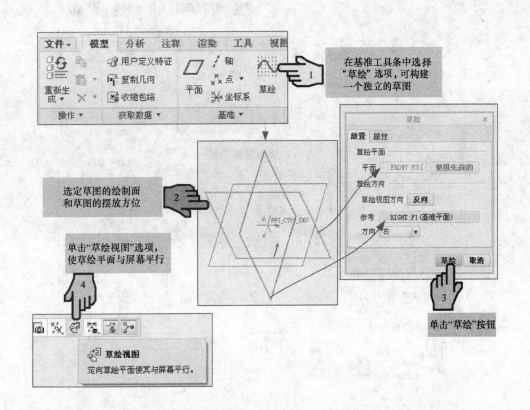

图 1-2-34　确定草绘平面

（2）草图轮廓绘制（见图 1-2-35）

【小知识】

★草图的修改和编辑（见表 1-2-3）

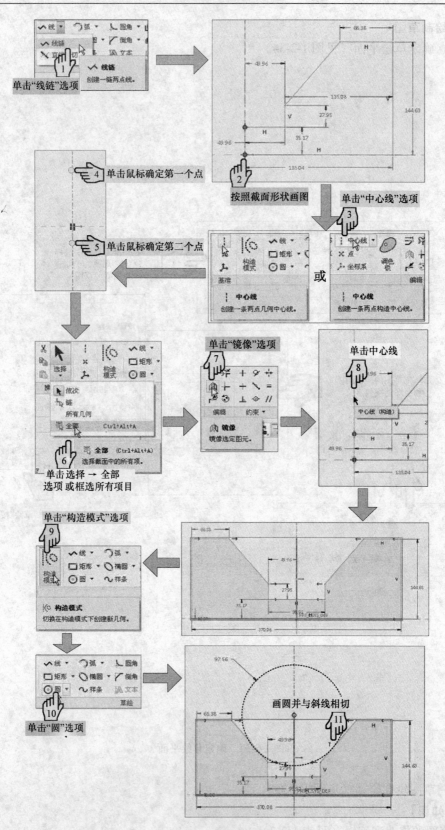

图 1-2-35   草图轮廓绘制

表 1-2-3 草图的修改和编辑

修改和编辑选项	修改和编辑内容
选择与删除	* "Ctrl" +鼠标左键：可连续选择多个图元 *框选：可选择矩形框内的所有元素 *用菜单选取 *删除：选择元素，按键盘上的 "Delete" 键删除，或用菜单中的 "删除" 命令
缩放与旋转	先选择图元，然后单击 选项，系统弹出 "缩放旋转" 对话框和缩放、旋转标志 用鼠标左键拖动相应标志可实现移动、旋转和缩放，右键可调整旋转中心的位置
复制	先选择图元，然后单击 选项，即复制图元，并出现 "缩放旋转" 对话框和缩放旋转标志。随之可使用刚才的方法，对复制出的图元进行移动、旋转和缩放。注意正确调整旋转中心（使用右键）的位置
镜像	先选择图元，然后单击 选项，再选择一条轴线，系统会自动在中心线的另一边复制出选中的图元 注意：进行镜像时，必须选择事先画好的轴线
修剪	删除段——先单击该选项，然后选择要删除的线，所有被选择或画过的线段都会被删除。如果该线段与其他图元相交，则删除的部分只到交点为止 拐角——先单击该选项，然后单击相交或延长后相交的两线，则两线段在相交处形成拐角 分割——选取一线段，该线段在选择处被分割为两段。如果选择了两条线段的交点，则两线段均被割断 此处为选择点

（3）建立所需约束　本步骤可根据所绘制的图形决定，若是在前面绘图过程中巧妙地利用了动态约束（见图1-2-35所示的第11步），此步骤可以简化。在绘制完图形后，要仔细检查图形的必要约束，保证图形的正确性。

图1-2-36所示为利用约束工具（绘图过程中未用动态约束）绘制V形块截面的操作过程。

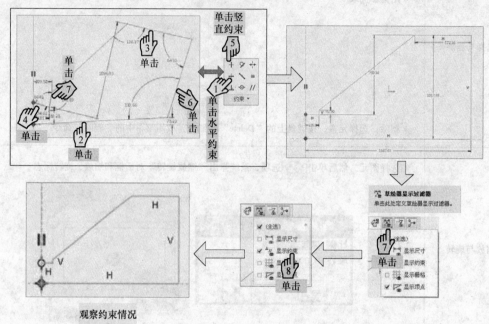

图1-2-36　利用约束工具绘制V形块截面的操作过程

【小知识】

★几何约束创建与删除

在草绘时，系统除了自动标注尺寸外，还会自动给定几何约束条件。约束条件也可由用户进行设定或删除。

●设定：单击选择所需的约束条件，再选择所需的图形元素（见图1-2-37）。

图1-2-37　"约束"选项卡

●删除：先选定几何约束标记，然后按"Delete"键进行删除。

★几何约束条件（见表1-2-4）

表 1-2-4　约束条件及意义

约束条件	符号	意　义
┿ 使垂直	V － －	使直线或两图圆端点垂直
┿ 使水平	H、┆	使直线或图元端点平行
⊥ 使正交	⊥	使两图元正交，会附加流水号
使相切	T	将图元端点放在直线中间
锁定中心	M	将图元端点放在直线中间
使对齐	 ⊙－－ ≡	使端点吻合，点落于图元上、共线
使对称	→ ←	使两图元端点以中心线呈两侧对称
＝ 使相等	L1、RI	使两图元等长、等半径，会附加流水号
// 使平行	//	使两线平行，会附加流水号

★设定几何参数（见图 1-2-38）

★约束的禁用、锁定与切换

●禁用：鼠标右键单击活动约束（红色），将约束"禁用"，被"禁用"的约束不起作用。再次鼠标右键单击活动约束，"禁用"被取消。

●锁定：按下"Shift"键同时鼠标右键单击活动约束，则约束被"锁定"，再次操作"锁定"取消。

●切换：当一个图元上有几个约束时，显红色约束为当前（活动）约束，可用"Tab"键切换当前约束。

（4）标注及修改尺寸　根据设计要求，标注必要的尺寸。标注及修改尺寸的步骤如图 1-2-39 所示。

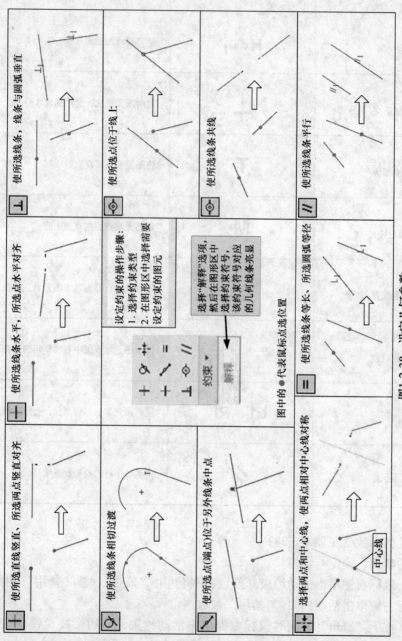

图中的●代表鼠标选点位置

图1-2-38 设定几何参数

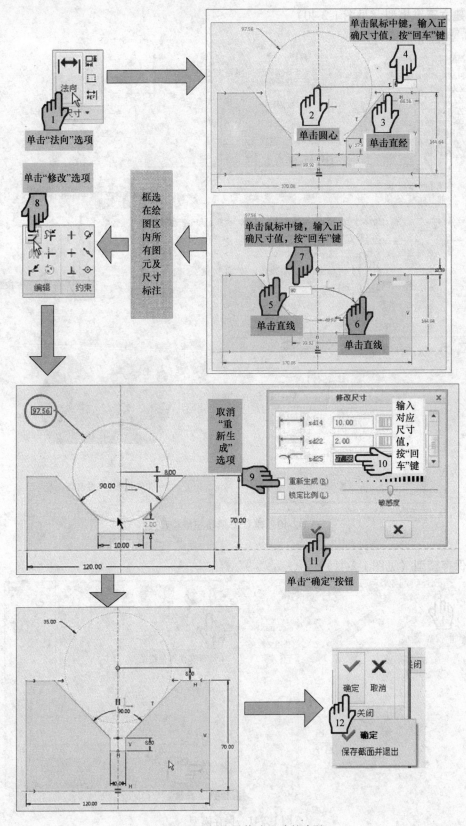

图 1-2-39 标注及修改尺寸的步骤

3. 建立三维模型（见图1-2-40）

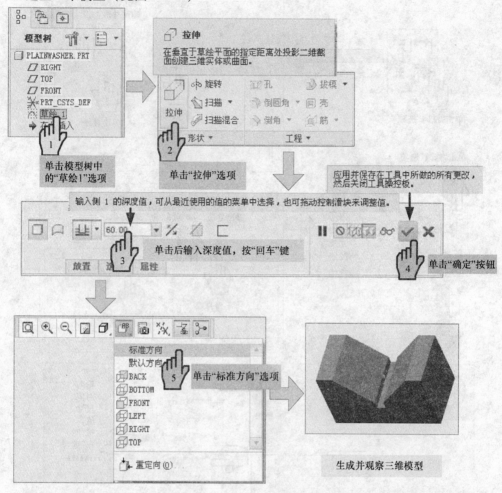

图1-2-40 建立V形块三维模型

4. 保存模型（见图1-2-41）

图1-2-41 保存模型

习 题

1. 完成如图 1-2-42 所示垫圈的绘制。

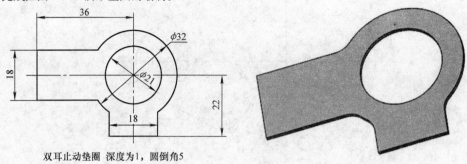

双耳止动垫圈 深度为1，圆倒角5

图 1-2-42 题 1 图

2. 完成图 1-2-43 所示开口垫圈的绘制。

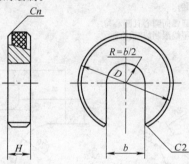

规格（螺纹大径）	5	6	8	10	12	16	20	24	30	36
开口宽度 b	6	8	10	12	14	18	22	26	32	10
凹面内径 $D1$	13	15	19	23	26	32	42	50	60	72
凹面深度 f	0.6	0.8	1.0	1.0	1.5	1.5	2.0	2.0	2.0	2.5
倒角尺寸 c	0.5	0.5	0.8	1.0	1.0	1.0	1.5	2.0	2.0	2.5

图 1-2-43 题 2 图

3. 完成图 1-2-44 所示垫片的绘制。

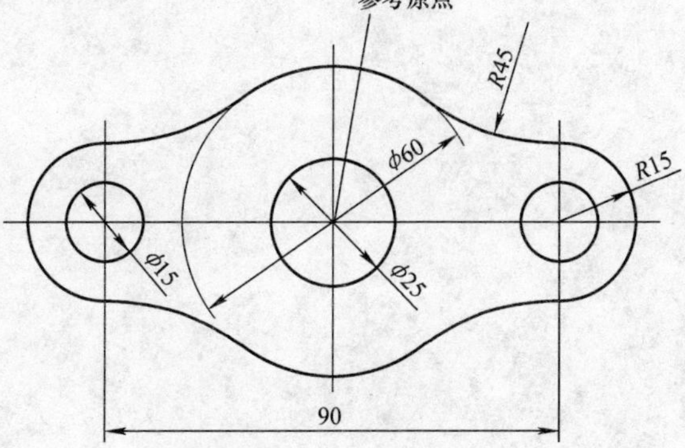

参考原点

图 1-2-44 题 3 图

4. 完成图 1-2-45 所示垫片的绘制。

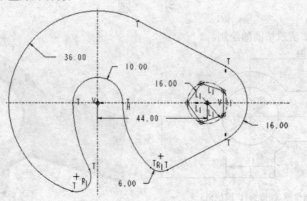

图 1-2-45　题 4 图

5. 完成图 1-2-46 所示图形的绘制。

6. 完成图 1-2-47 所示图形的绘制。

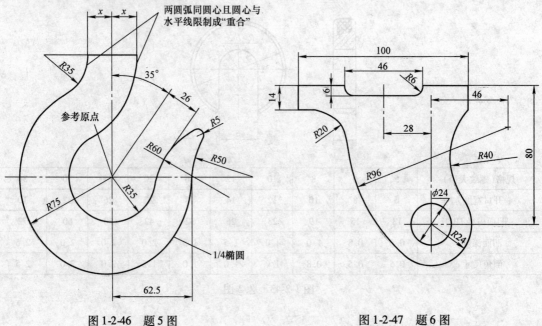

图 1-2-46　题 5 图　　　　　　图 1-2-47　题 6 图

学习情境 3 拨叉、支座类零件设计

任 务 工 单

学习情境	学习情境 3 拨叉、支座类零件设计				
姓名		学号		班级	
任务目标	知识目标：掌握零件建模思路 掌握拉伸特征等特征操作方法 掌握孔、筋、阵列等特征的操作方法 掌握基准特征的创建方法 能力目标：能够绘制、编辑复杂零件的三维模型 能够灵活应用拉伸、孔、筋、阵列、基准特征等命令 素质目标：具有问题分析能力、自我学习能力及创新能力				

任务描述	任务 1	任务 2	任务 3

学习总结	

考核方法	项目	分值比例	分　　数		
			任务 1	任务 2	任务 3
	项目计划决策	10%			
	项目实施检查	50%			
	项目评估讨论	10%			
	职业素养	20%			
	学生互评	10%			
	总分	100%			

指导教师 评语	

任务1　连杆设计

一、连杆设计分析

连杆（connecting rod）是连杆机构中两端分别与主动构件和从动构件铰接以传递运动和力的杆件。例如，在往复活塞式动力机械和压缩机中，用连杆来连接活塞与曲柄。连杆多为钢件，其主体部分的截面多为圆形或工字形，两端有孔，孔内装有青铜衬套或滚针轴承，以供装入轴销而构成铰接，如图1-3-1所示。

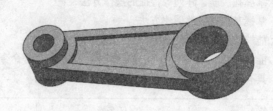

图1-3-1　连杆

二、连杆设计思路

连杆设计思路如图1-3-2所示。

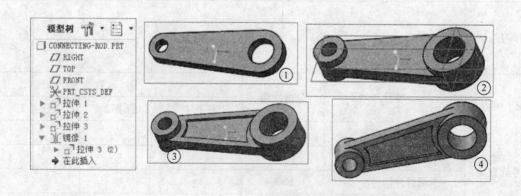

图1-3-2　连杆设计思路

三、连杆设计过程

1. 新建零件文件

建立连杆文件的步骤如图1-3-3所示。

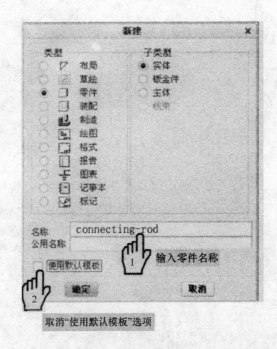

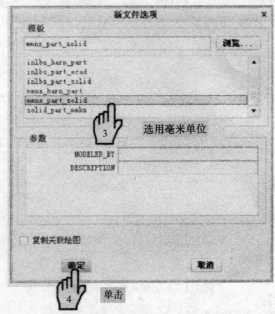

图1-3-3　建立连杆文件

2. 创建连杆主框架结构

创建连杆主体框架结构步骤如图1-3-4所示。

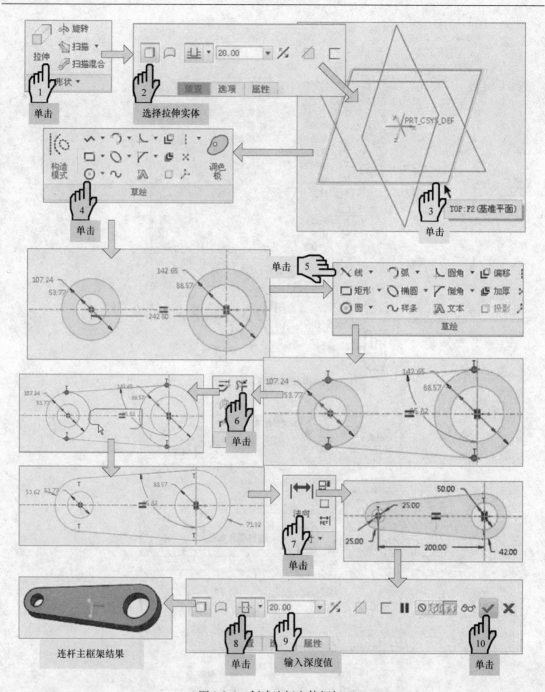

图 1-3-4　创建连杆主体框架

【小知识】

★拉伸类型的设置

Creo Parametric 采用集成方式组织命令，拉伸、拉伸切除、拉伸曲面、拉伸切除曲面、拉伸薄壁这些选项，都采用拉伸方式的命令集成在拉伸工具命令当中，可在拉伸操控板上进行切换设置。采用集成方式组织命令可极大地减少命令按钮，方便用户掌握使用。由于拉伸曲面和拉伸实体对于草图轮廓的要求不同，因此，为了后续操作顺利，应在进入草图绘制之前设置好拉伸类型。拉伸类型如图 1-3-5 所示。

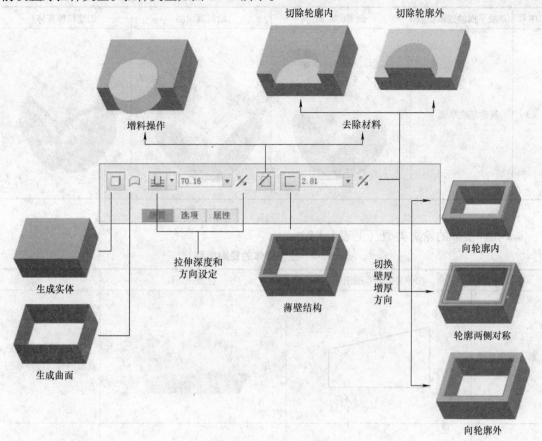

图 1-3-5 拉伸类型

★草绘平面的选取要点（见表 1-3-1）

表 1-3-1 草绘平面的选取要点

序号	草绘平面的选取要点	选 取 参 照	绘制截面图	创建拉伸实体
1	选取基准平面 TOP、FRONT 或 RIGHT			
2	选取实体上的平面			

（续）

序号	草绘平面的选取要点	选 取 参 照	绘制截面图	创建拉伸实体
3	新建基准平面	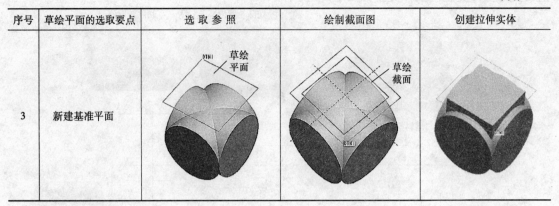		

★拉伸实体的轮廓类型（见表1-3-2）

表1-3-2　拉伸实体的轮廓类型

类　型	拉伸实体的草图图样	生 成 结 果	说 明
单一封闭轮廓			单一封闭轮廓是最典型的合法拉伸草图
两重轮廓			内侧轮廓作为切除区域
多重轮廓			从外侧轮廓开始，按照填充、切除的方式进行拉伸
多轮廓组合			各个独立轮廓分别拉伸成形

　　非封闭轮廓和交叉轮廓虽然不能用于生成拉伸实体，但可以用于生成拉伸曲面，并可由生成的曲面生成薄壁结构。非封闭轮廓生成实体的示例如图 1-3-6 所示。

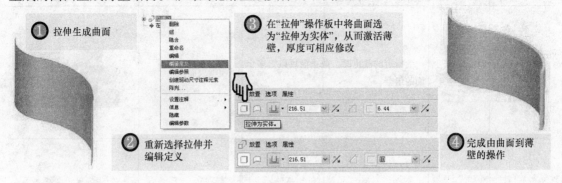

图 1-3-6　非封闭轮廓生成实体的示例

★拉伸深度的设定（见表 1-3-3）

表 1-3-3　拉伸深度的设定

方　式	按　钮	说　明	选择截至对象类型	图　例
变量		输入参数值设定拉伸深度		
对称		在草图绘制平面的两侧对称拉伸，输入深度值为拉伸总长度		
到下一面		到第一个截止面，截止面可以是多个面的组合。只有实体（含薄壁）拉伸才有此项深度选项，拉伸深度的下一面是系统自动计算拾取的，而且也必须是实体模型的表面	模型表面	
穿透		穿越所有实体	系统自动计算拾取	

（续）

方　式	按　钮	说　明	选择截至对象类型	图　例
直至		到指定的截止面，截止面可以是多个面的组合	模型表面	
到指定的		到指定的几何对象	点、基准面、平面、曲线、模型表面	

3. 创建圆台

创建圆台步骤如图 1-3-7 所示。

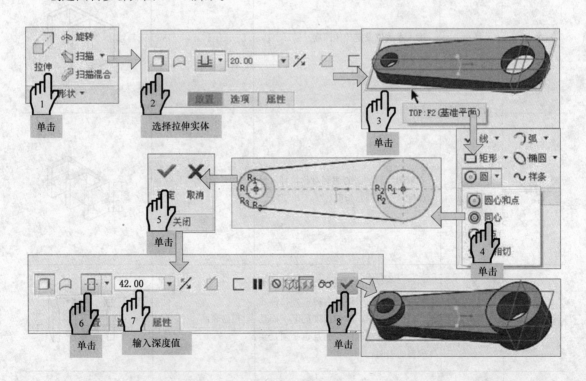

图 1-3-7　创建圆台

4. 创建连杆侧板造型

连杆第一侧侧板造型如图 1-3-8 所示，第二侧侧板造型如图 1-3-9 所示。

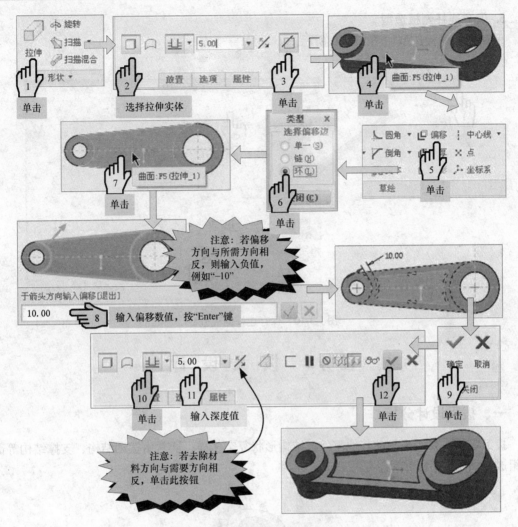

图 1-3-8　连杆第一侧侧板造型

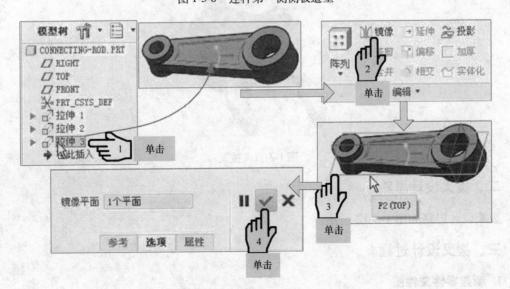

图 1-3-9　连杆第二侧侧板造型

5. 保存连杆侧板造型

保存连杆侧板造型如图 1-3-10 所示。

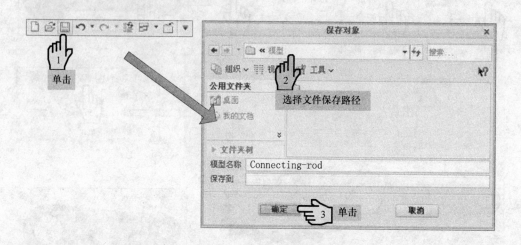

图 1-3-10　保存连杆侧板造型

任务 2　拨　叉　设　计

一、拨叉设计分析

拨叉零件主要用来拨动其他零件，结构形状复杂多样，通常由拨动结构、支撑结构等部分组成，如图 1-3-11 所示。

图 1-3-11　拨叉

二、拨叉设计思路

拨叉设计思路如图 1-3-12 所示。

三、拨叉设计过程

1. 新建零件文件图

新建零件文件图如图 1-3-13 所示。

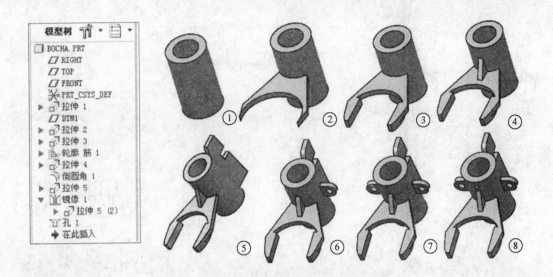

图 1-3-12　拨叉设计思路

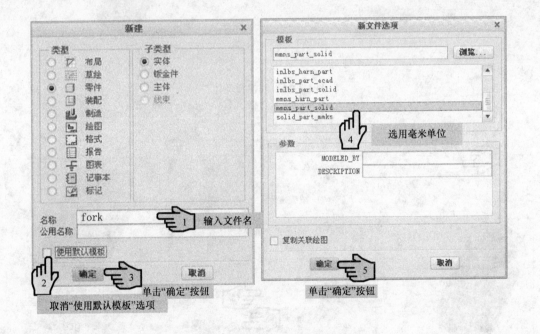

图 1-3-13　建立拨叉文件

2. 创建圆环体

创建圆环体如图 1-3-14 所示。

3. 创建拨叉结构

创建基准平面 DTM1 如图 1-3-15 所示，创建拨叉结构如图 1-3-16 所示。

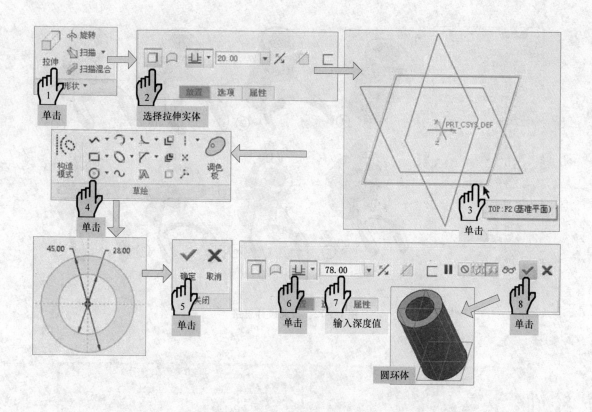

图 1-3-14　创建圆环体

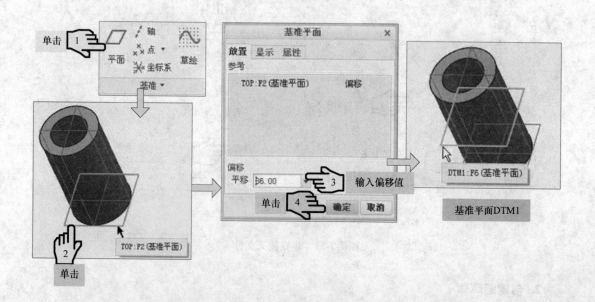

图 1-3-15　创建基准平面 DTM1

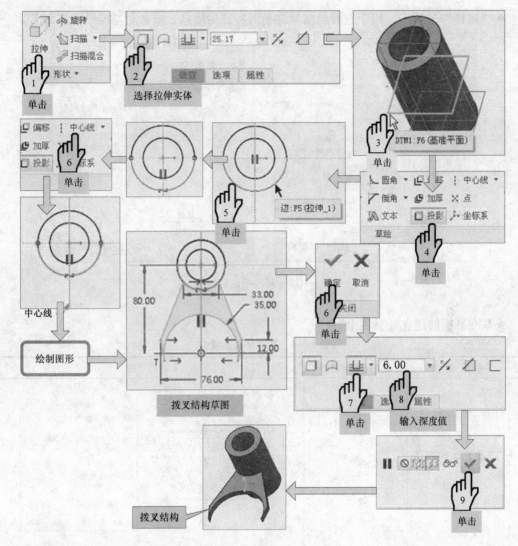

图 1-3-16　创建拨叉结构

【小知识】

★基准平面

基准平面是零件建模过程中使用最为频繁，同时也是最重要的基准特征。基准平面与实体特征不同，它没有厚度，并且在空间上无限延伸。

基准平面的作用：作为特征建立的草绘平面或参考平面；作为尺寸标注的参照；作为定向的参照或装配约束的参照。

基准平面的正向约定：根据朝向不同，基准平面显示褐色（正向）或灰色侧（负向）。

★基准平面对话框

建立基准平面时应单击⊿按钮，显示基准平面对话框，如图 1-3-17 所示。

● "放置" 选项卡：用于选取和显示现有参照，并为每个参照设置约束类型及数值。选取多个参照时须按住 "Ctrl" 键，必须定义足够的约束条件，以唯一限制基准平面。

● "显示" 选项卡：用于反转基准平面的法向；"调整轮廓" 复选框用于调整基准平面轮廓显示尺寸。

● "属性"选项卡：用于查看当前基准平面特征的信息，或者对基准平面重命名。

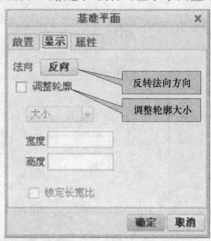

图 1-3-17　基准平面对话框

★基准平面的建立（见表 1-3-4）

表 1-3-4　基准平面的建立

序号	参 照 组 合	建立的基准平面	示　　例
1	基准平面（或平曲面）	偏移平面	
2	一个基准轴或草绘线或边及一个基准平面（或平曲面）	角度平面	
3	两个共面边或者两个轴（必须共面但不共线）	通过这些参照的基准平面	

（续）

序号	参照组合	建立的基准平面	示　例
4	三个基准点或者顶点（不共线）	通过每个基准点/顶点的基准平面	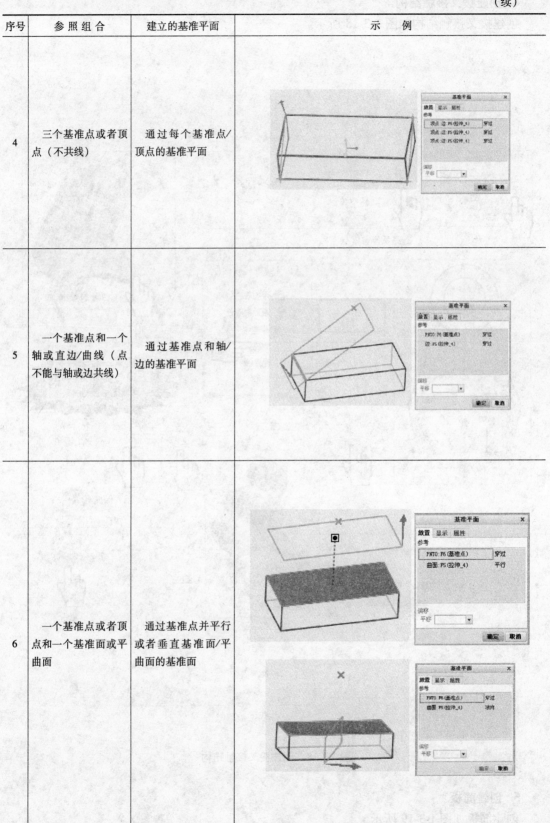
5	一个基准点和一个轴或直边/曲线（点不能与轴或边共线）	通过基准点和轴/边的基准平面	
6	一个基准点或者顶点和一个基准面或平曲面	通过基准点并平行或者垂直基准面/平曲面的基准面	

4. 创建拨叉接触结构

创建拨叉接触结构如图 1-3-18 所示。

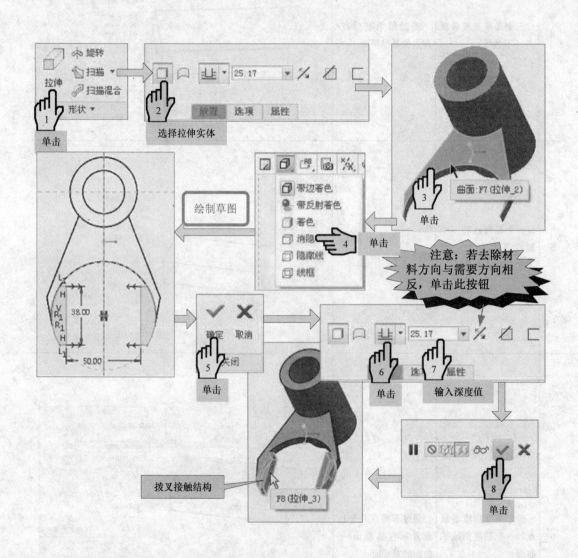

图 1-3-18　创建拨叉接触结构

5. 创建筋板

创建筋板如图 1-3-19 所示。

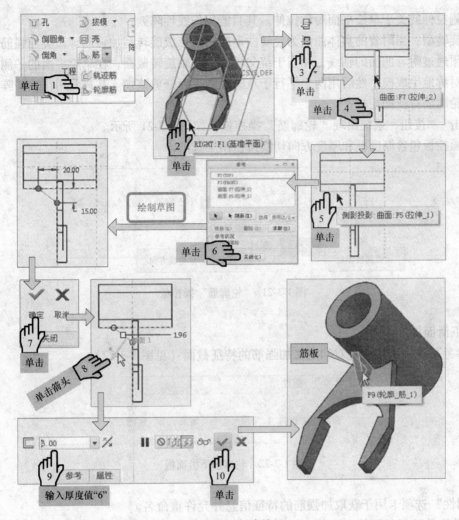

图 1-3-19　创建筋板

【小知识】

★轮廓筋特征

筋特征是连接到实体表面的薄翼或腹板伸出项，通常用来加固设计中的零件，也常用来防止零件上出现不需要的结构弯曲变形。

★轮廓筋的类型（见图 1-3-20）

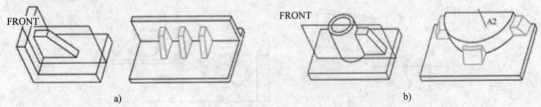

图 1-3-20　轮廓筋的类型

a）平直型筋特征及其线性阵列　b）旋转型筋特征及其旋转阵列

●平直型：当附着的实体曲面是平直曲面时，将形成平直型加强筋。其厚度是沿草绘平面向一侧拉伸或关于草绘平面对称拉伸。其只能用作线性阵列。

●旋转型：当附着的实体曲面为旋转曲面时，将形成旋转型加强筋。该类加强筋的草绘平面必须通过附着曲面的轴线，相当于绕父项的中心轴旋转截面，在草绘平面的一侧或绕草绘平面对称地生成楔，然后用两个平行于草绘面的平面修剪该楔。其只能用作旋转阵列。

★轮廓筋特征操控板

单击 ▲筋按钮，系统出现"轮廓筋"操控板，如图1-3-21所示。

●操控板包含厚度框和厚度方向切换按钮两个选项。

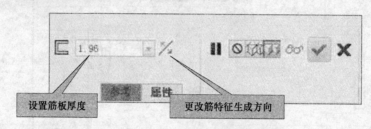

图1-3-21　"轮廓筋"操控板

●下滑面板

"参考"选项卡用于查看和定义加强筋的特征截面（见图1-3-22）。

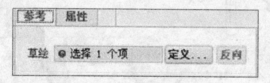

图1-3-22　轮廓筋下滑面板

"属性"选项卡用于获取加强筋的特征信息并允许重命名。

★轮廓筋特征截面的有效草绘

有效草绘必须满足以下要求：①单一的开放环；②连续的非相交草绘图元；③草绘端点必须与形成封闭区域的连接曲面对齐。

平直型筋特征可以在任意位置创建草绘，但其截面线端点必须连接到曲面以形成一个要填充的封闭区域；而旋转型筋特征的草绘平面必须通过其相接曲面的旋转中心，且其截面线端点必须连接到曲面，形成一个要填充的封闭区域，如图1-3-23所示。

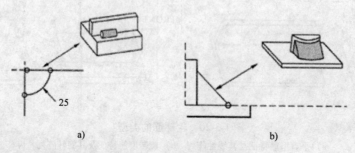

图1-3-23　轮廓筋特征截面
a）平直型筋特征的截面　b）旋转型筋特征的截面

6. 创建拨叉拨动结构

创建拨叉拨动结构如图 1-3-24 所示；创建圆角特征如图 1-3-25 所示。

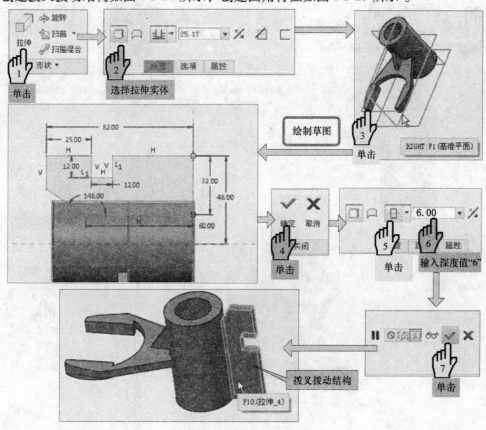

图 1-3-24　创建拨叉拨动结构

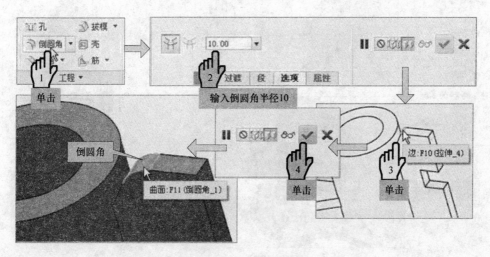

图 1-3-25　创建圆角特征

7. 创建拨叉侧耳结构

创建拨叉侧耳结构如图 1-3-26 所示，镜像侧耳结构如图 1-3-27 所示。

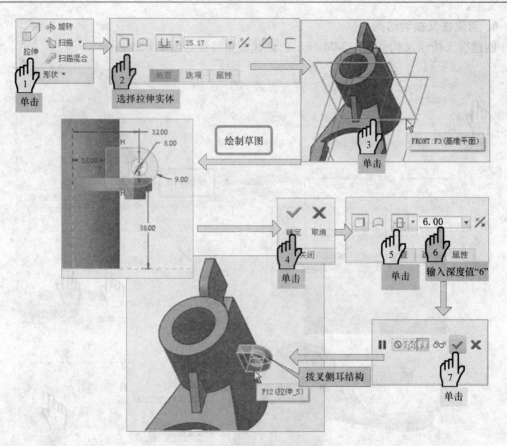

图 1-3-26　创建拨叉侧耳结构

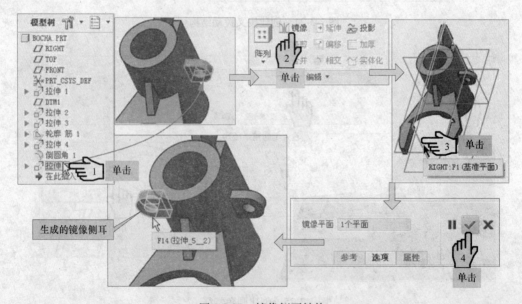

图 1-3-27　镜像侧耳结构

8. 创建螺纹孔

创建螺纹孔如图 1-3-28 所示。

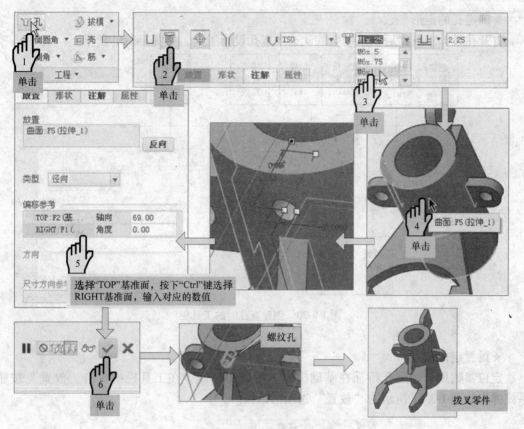

图 1-3-28 创建螺纹孔

【小知识】

★孔特征

孔是工程中经常用到的特征，孔特征的形式多样，放置位置灵活，系统提供了如下三种类型孔（见图 1-3-29）的设计方法。

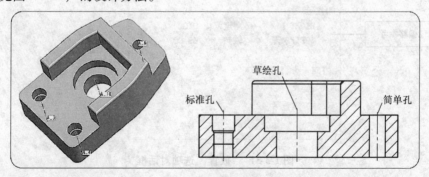

图 1-3-29 孔的类型

● 单一直径直孔特征（直孔）。

● 草绘非标准孔特征（草绘孔）。

● 标准螺纹孔特征（标准孔）。

孔特征一般情况下需要定形参数和定位参数才能唯一确定一个孔。

★确定孔的定形参数

打开孔设计工具栏后，系统会默认选中直孔设计工具，如图 1-3-30 所示。

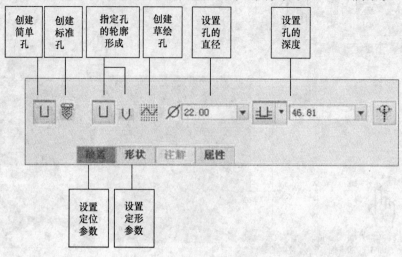

图 1-3-30　创建直孔时的工具栏

★设置定位参数

定位参数用于确定孔特征在基础模型上的放置位置。在工具栏中单击"放置"按钮，系统弹出如图 1-3-31 所示的"放置"选项对话框。

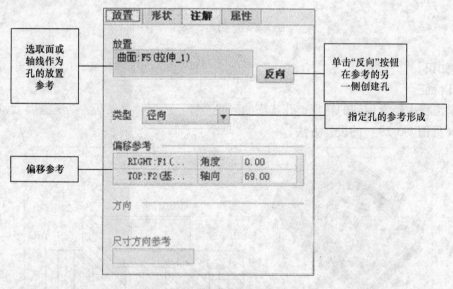

图 1-3-31　"放置"选项对话框

★圆孔的放置

建立圆孔特征时必须标定孔轴的位置，即放置孔，其可通过圆孔特征工具栏中的"放置"选项对话框来实现。

圆孔特征的"放置"类型有五种：线性（Linear）、径向（Radial）、直径（Diameter）、同轴（Coaxial）和在点上（On Point）。前四种都必须先选取平面、曲面或基准轴作为放置参考，然后选取偏移参考来约束孔相对于所选参考的位置。采用"在点上"（On Point）方式定位，仅需选取基准点作为放置参考，无须定义偏移参考。

　　放置时，可在孔预览几何中拖动控制滑块或将其捕捉到某个参考，如图 1-3-32 所示。

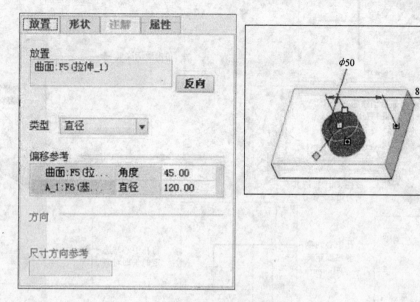

图 1-3-32　孔的放置示例

　　●线性定位（见图 1-3-33）：以相对两个偏移参照的线性尺寸来标定孔轴的位置。注意，在选取第 2 个偏移参考时，必须按住"Ctrl"键。

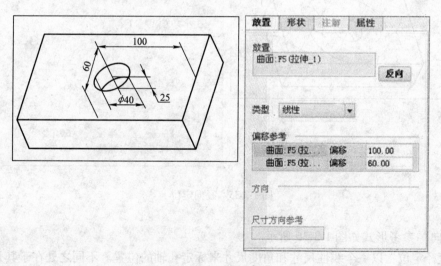

图 1-3-33　线性定位

　　"线性"参考形式如图 1-3-34 所示。

　　●径向定位：以一个线性尺寸和角度尺寸来标定孔轴的位置，即孔轴到偏移参考轴的距离（半径）、孔轴和偏移参考轴的连线与偏移参考平面间的夹角，如图 1-3-35 所示。

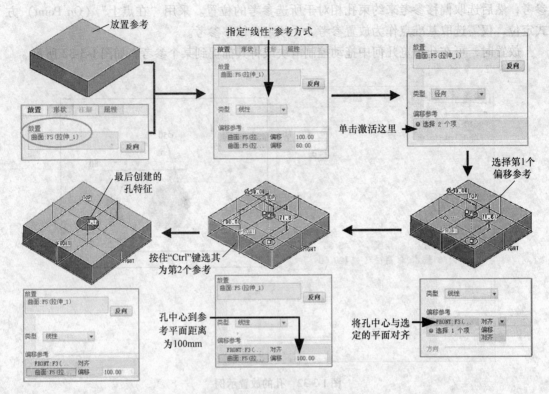

图 1-3-34　"线性"参考形式

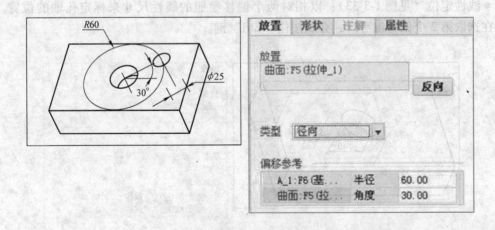

图 1-3-35　径向定位

"径向"参考形式如图 1-3-36 所示。

● 直径定位：以一个线性尺寸和角度尺寸来标定孔轴的位置。不同之处在于其是以直径值来表示孔轴到偏移参考轴的距离。"直径"参考形式如图 1-3-37 所示。

● 同轴定位：将圆孔放置在与参考轴重合的位置，使圆孔中心轴与参考轴共线。"同轴"参考形式如图 1-3-38 所示。

● 在点上：将孔与参考基准点对齐，该类型不需要定义"偏移"参考。"在点上"参考形式如图 1-3-39 所示。

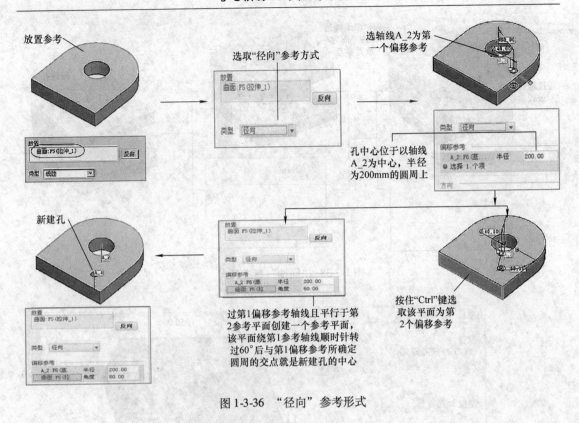

图 1-3-36　"径向"参考形式

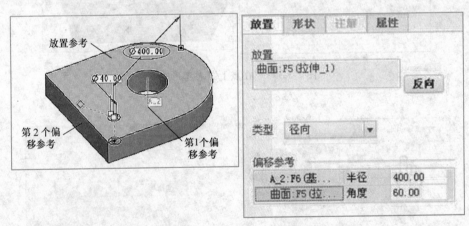

图 1-3-37　"直径"参考形式

★基准点特征

基准点的作用包括：作为基准面、基准轴的曲线建立的参考物；倒圆角半径的控制点，管特征的创建点；有限元分析的施力点；模流分析的胶口位置等。基准点的创建如图 1-3-40 所示。

★基准点的分类

● 一般基准点：在图元上或偏离图元创建的基准点。

● 草绘基准点：草绘界面下创建的基准点。

● 偏移坐标系基准点：自选定坐标系偏移创建基准点。

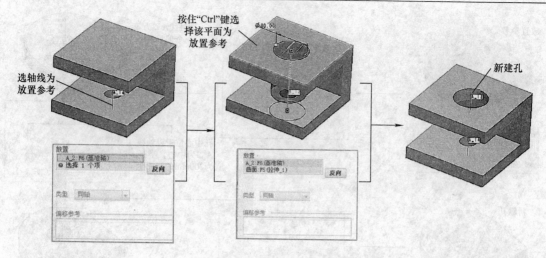

图 1-3-38 "同轴"参考形式

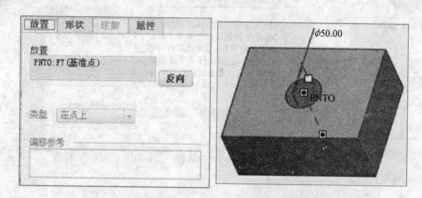

图 1-3-39 "在点上"参考形式

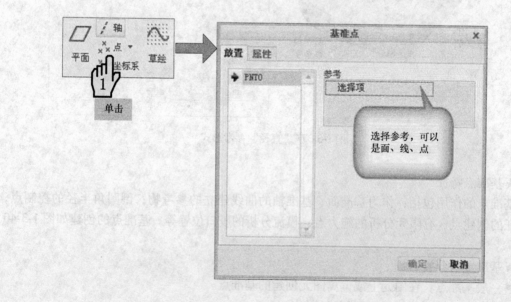

图 1-3-40 基准点的创建

★一般基准点的建立方法

●曲面上：在空间曲面上建立基准点，且指定两平面或实体边作为尺寸标注参考，如图 1-3-41 所示。

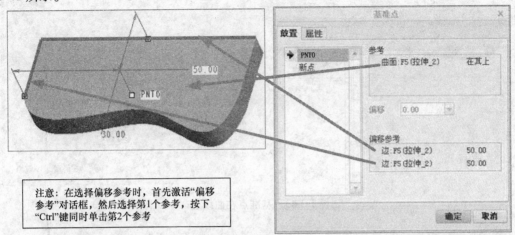

图 1-3-41　基准点在曲面上

●偏移曲面：这种方法相当于继续曲面上的作法，除指定两平面或实体边作为尺寸标注 参考外，还需朝该曲面的法向平移若干距离，如图 1-3-42 所示。

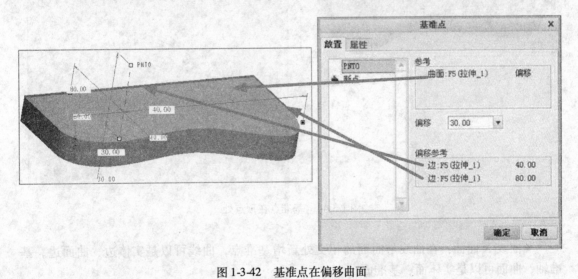

图 1-3-42　基准点在偏移曲面

●曲线上：在曲线或实体边上建立基准点，也可在一参考边上同时建立数个基准点。该 方式有以下三种情况：

a）偏距。指定一平面作为尺寸标注参考。

b）长度比例。视该曲线或实体边的长度比例为 1:1，给定 0 到 1 之任意值，于其上建 立基准点，如图 1-3-43 所示。

c）基准长度。做法与长度比例类似，差别在于所给定的值是该基准点位于曲线或实体 边上的实际长度。

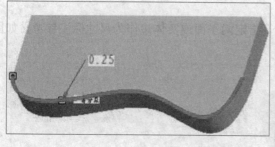

图 1-3-43　基准点在曲线上

● 顶点：于实体边、曲面边、曲线的端点、角落处建立基准点，如图 1-3-44 所示。

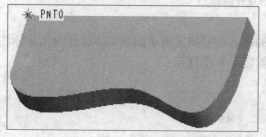

图 1-3-44　基准点在顶点处

● 曲线 X 曲面：在曲线与曲面的相交处新增基准点，曲线可以是实体边、曲面边、基准轴，曲面可以是实体面、基准面。

● 中心：在弧中心与圆中心建立基准点。

● 三曲面：在三曲面（包括：实体面、基准面）的交错处建立基准点。

● 曲线相交：在两条曲线（不包括实体边）的最短距离处或交错处建立基准点，基准点会落在第一条曲线上。

★ 草绘基准点的建立方法

在草绘界面下建立的辅助特征，可以完成分布复杂的多个基准点的建立。

草绘基准点的创建过程为直接进行草绘模式，通过中心线、结构圆、同心圆、坐标系等功能，清楚地定义基准点的位置，此方法也很常用，如图 1-3-45 所示。

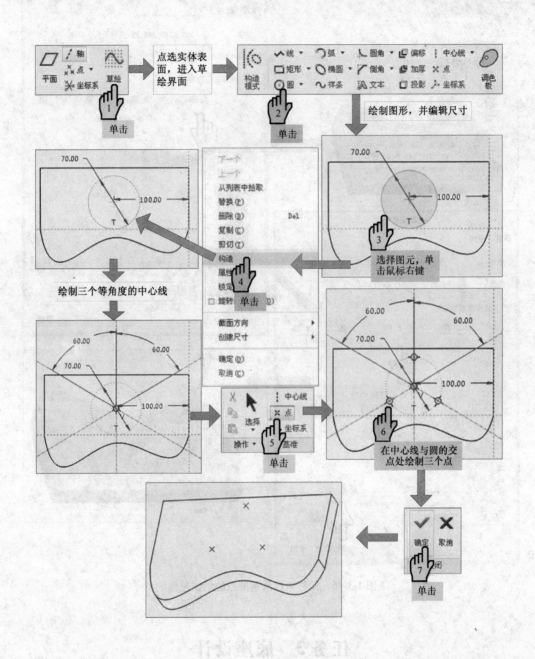

图 1-3-45 草绘基准点示例

★偏移坐标系基准点的建立方法

选定一个坐标系与形式:卡氏、圆柱、球,给定三轴向的位置,可同时连续建立多个基准点,称为"基准点阵列"。

偏移坐标系基准点的创建过程如图 1-3-46 所示。

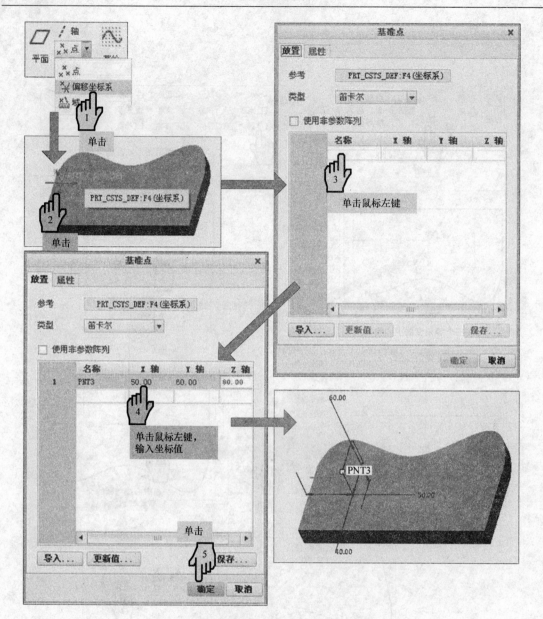

图 1-3-46　偏移坐标系基准点的创建过程

任务 3　底座设计

一、底座设计分析

底座是用于支承和连接若干部件的基础零件，结构形状多样，差别较大，多为不规则形状，通常由凸台、孔、工艺圆角等组成。

二、底座设计思路

底座设计思路如图 1-3-47 所示。

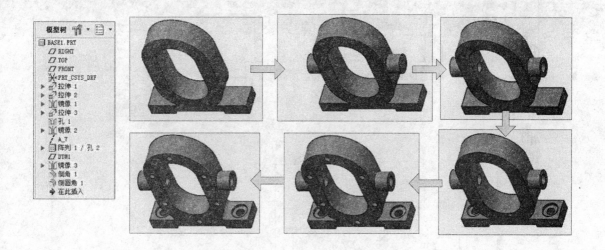

图 1-3-47 底座设计思路

三、底座设计过程

1. 新建底座文件

新建底座文件如图 1-3-48 所示。

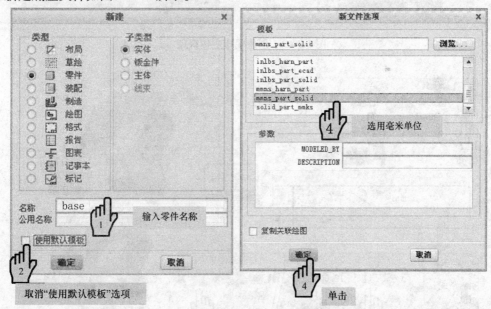

图 1-3-48 建立底座文件

2. 创建底座主体框架

创建底座主体框架如图 1-3-49 所示。

3. 创建侧圆台

创建侧图台如图 1-3-50 所示。

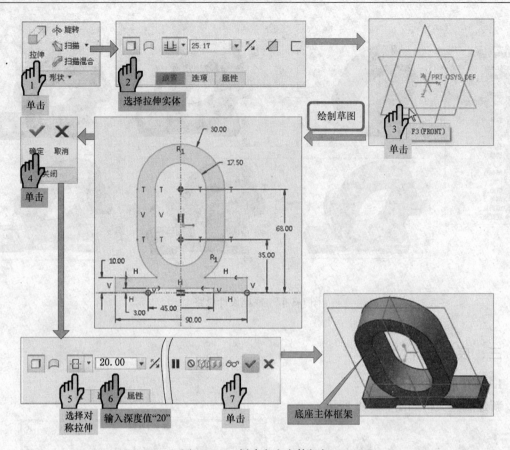

图 1-3-49　创建底座主体框架

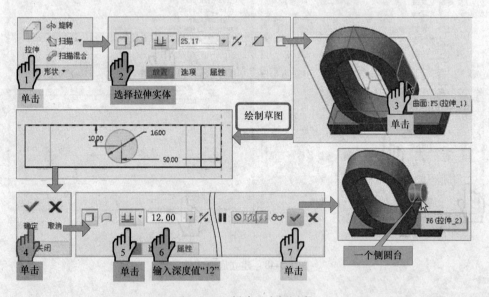

图 1-3-50　创建一个侧圆台

4. 镜像侧圆台

镜像侧圆台如图 1-3-51 所示。

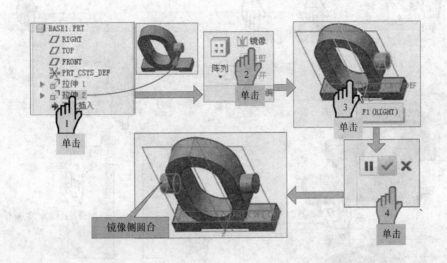

图 1-3-51 镜像侧圆台

5. 创建圆台上的孔

创建圆台上的孔如图 1-3-52 所示。

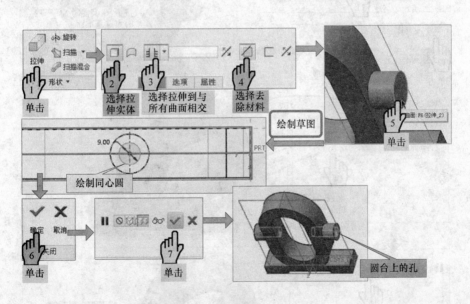

图 1-3-52 创建圆台上的孔

6. 创建底座上的沉孔

创建底座上的沉孔如图 1-3-53 所示。

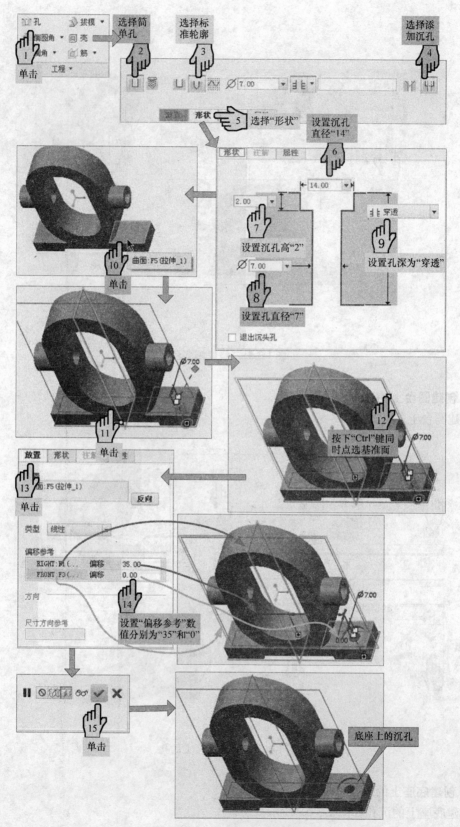

图 1-3-53　创建底座上的沉孔

7. 镜像底座上的沉孔

镜像底座上的沉孔如图 1-3-54 所示。

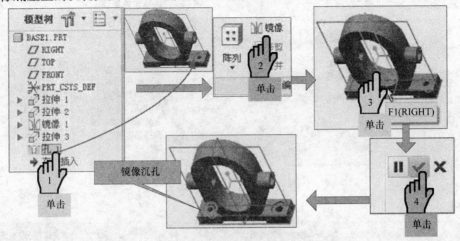

图 1-3-54　镜像底座上的沉孔

8. 创建基准轴

创建基准轴如图 1-3-55 所示。

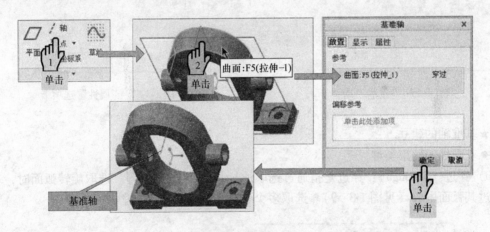

图 1-3-55　创建基准轴

【小知识】

★基准轴特征

基准轴在模型中由褐色点画线表示，且轴线上会显示 A_#（#为数字编号）标签。

基准轴的用途：①作为基准平面的放置参考；②作为同轴放置特征或旋转阵列的参考等。

★基准轴对话框

- "放置"选项卡（见图 1-3-56）
- "显示"选项卡（见图 1-3-57）
- "属性"选项卡（见图 1-3-58）

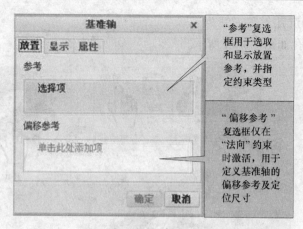

图 1-3-56 "放置"选项卡

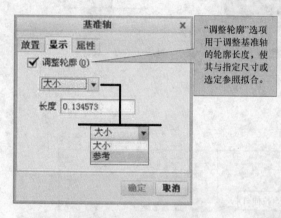

图 1-3-57 "显示"选项卡

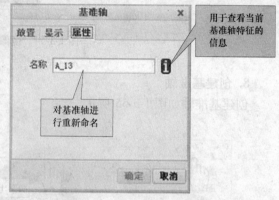

图 1-3-58 "属性"选项卡

★基准轴的建立

●基准轴的约束类型

a）穿过（Through）：穿过是指通过选取的参考边、点/顶点等。选取旋转弧面时，基准轴通过其弧面中心（见图 1-3-59）。选取多个参考需按住"Ctrl"键。

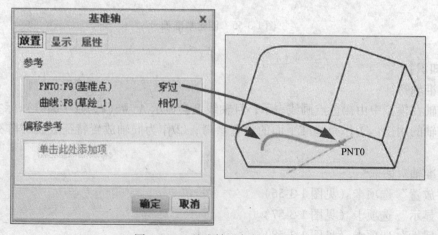

图 1-3-59 基准轴"相切"约束

b）法向（Normal）：法向是指垂直于选定参考，此时需定义偏移参考及定位尺寸（见图 1-3-60）。

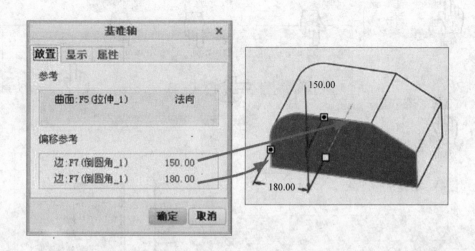

图 1-3-60 基准轴"法向"约束

c）相切（Tangent）：相切是指相切于选定的曲线或边等参考。此时要添加附加点或顶点作为参考，以创建位于该点且平行于切向的基准轴（见图 1-3-59）。

● 预选参考创建基准轴

预先选定参考组合（如选用多个参考需按住"Ctrl"键），然后单击"确定"按钮，系统将自动创建完全约束的基准轴。建立基准轴的方式见表 1-3-5。

表 1-3-5 建立基准轴的方式

预选参考组合	建立的基准轴
一个直边或轴	通过选定边创建基准轴
两个基准点或顶点	通过每个选定点来创建基准轴
基准点或顶点和基准平面或平面曲面	通过选定点并与基准平面或平面曲面垂直来创建基准轴，在基准轴和基准平面或平面曲面的交点处会显示一个控制滑块
两个非平行的基准平面或平面曲面	如果平面相交，则通过相交线创建基准轴
曲线或边以及其中一个端点或基准点	通过选定点并与曲线或边相切来创建基准轴
平面圆边或曲线、基准曲线或圆柱曲面的边	通过平面圆边或曲线的中心且垂直于选定曲线或边所在的平面来创建基准轴，对于圆柱曲面的边，将沿着圆柱曲面的中心线创建基准轴
基准点和曲面	如果基准点在选定曲面上，则通过该点并垂直于该曲面创建基准轴，如果基准点不在选定曲面上，则打开"基准轴"对话框

9. 创建第一个标准全螺纹孔

创建第一个标准全螺纹孔如图 1-3-61 所示。

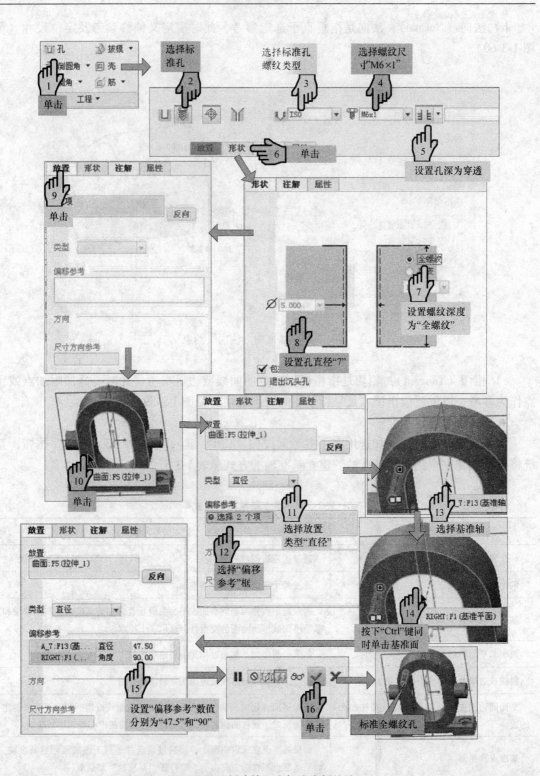

图 1-3-61　创建第一个标准全螺纹孔

10. 阵列全螺纹孔

阵列全螺纹孔如图 1-3-62 所示。

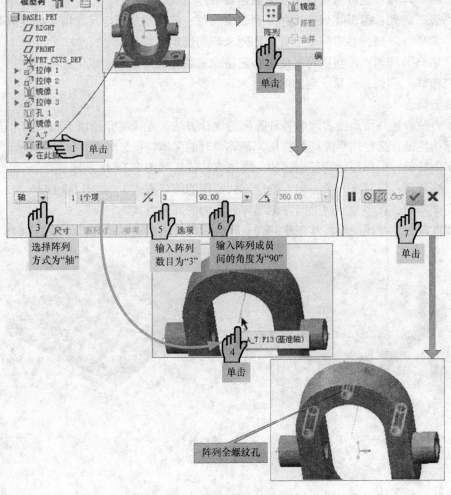

图 1-3-62 阵列全螺纹孔

【小知识】

★ 特征阵列

阵列特征操控板如图 1-3-63 所示。

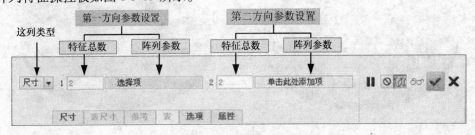

图 1-3-63 阵列特征操控板

★ 阵列方法分类

● "尺寸" 阵列：使用驱动尺寸并指定阵列尺寸增量来创建特征阵列。

● "方向" 阵列：通过指定方向参考来创建线性阵列。

- "轴"阵列：通过指定轴参考来创建旋转阵列或螺旋阵列。
- "表"阵列：编辑阵列表，在阵列表中为每一阵列实例指定尺寸值来创建阵列。
- "参考"阵列：参考一个已有的阵列来阵列选定的特征。
- "填充"阵列：用实例特征使用特定格式来填充选定区域，以创建阵列。
- "曲线"阵列：按照选定的曲线排列阵列特征。

★基本概念

为了方便叙述并帮助读者理解各种阵列的设计方法，先简要介绍以下相关的术语。

- 原始特征：选定用于阵列的特征，是阵列时的父本特征，如图 1-3-64a 所示。
- 实例特征：根据原始特征创建的一组副本特征，如图 1-3-64a 所示。
- 一维阵列：仅仅在一个方向上创建阵列实例的阵列方式，（如图 1-3-64a）。
- 多维阵列：在多个方向上同时创建阵列实例的阵列方式。
- 线性阵列：使用线性尺寸创建阵列，阵列后的特征成直线排列，如图 1-3-64b 所示。

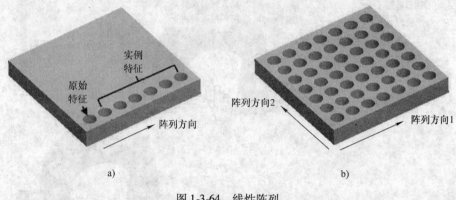

图 1-3-64　线性阵列

a）一维阵列　b）二维阵列

- 旋转阵列：使用角度尺寸创建阵列，阵列后的特征以指定中心成环状排列，如图 1-3-65 所示。

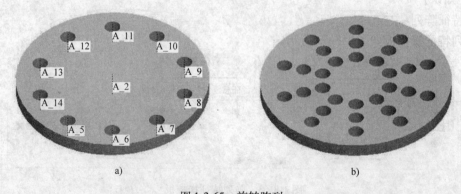

图 1-3-65　旋转阵列

a）一维阵列　b）二维阵列

★尺寸阵列

- 尺寸阵列形式（见表 1-3-6 和图 1-3-66）

表 1-3-6　尺寸阵列的形式

比较项目 ＼ 阵列方法	相　同	可　变	常　规
实例特征再生速度	最快	一般	最慢
实例特征大小可否变化	否	可以	可以
实例特征可否与放置平面的边缘相交	否	可以	可以
特征之间可否交错重叠	否	否	可以
可否在原始特征的放置平面以外生成实例特征	否	可以	可以
示例图			

由表 1-3-6 可以看出，"相同"阵列的要求较为严格，一旦出现了不允许的设计操作，特征阵列会以失败告终，但用这种方法创建的阵列较简单而且特征再生迅速。"常规"阵列的设计约束较少，应用广泛，但实例特征再生时间长。"可变"阵列综合了二者的长处，是折中的阵列方法。

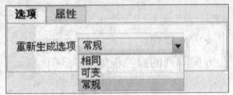

图 1-3-66　阵列形式的选择

● 创建尺寸阵列

在创建尺寸阵列时，必须从原始特征上选取一个或多个定形或定位尺寸作为驱动尺寸。选定驱动尺寸后，将以该尺寸的标注参考为基准，沿尺寸标注的方向创建实例特征，如图 1-3-67 所示。实例特征的生成方向总是从标注参考开始沿着尺寸标注的方向，如图 1-3-68 所示。

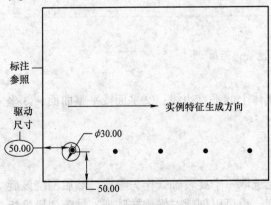

图 1-3-67　创建驱动尺寸

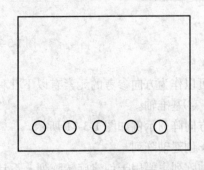

图 1-3-68　生成阵列特征

●创建尺寸增量（见图1-3-69）

尺寸增量主要有以下两种用途：①如果选取原始特征上的定位尺寸作为驱动尺寸，可以通过尺寸增量指明在该尺寸方向上各实例特征之间的间距；②如果选取原始特征上的定形尺寸作为驱动尺寸，可以通过尺寸增量指明在阵列方向上各实例特征所对应尺寸依次增加（或减小）量的大小。

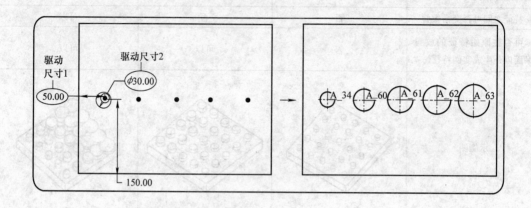

图1-3-69　创建尺寸增量

★方向阵列

方向阵列的操控板如图1-3-70所示。

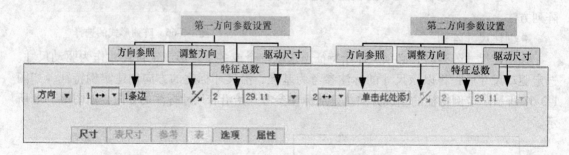

图1-3-70　方向阵列操控板

可以作为方向参考的元素有以下几种：①实体上的平直边线；②平面或平整曲面；③坐标系；④基准轴。

方向阵列示例如图1-3-71所示。

★创建轴阵列

轴阵列主要用于创建旋转阵列。设计中首先选取一个旋转轴线作为参考，然后围绕该旋转轴线创建特征阵列，既可以创建一维旋转阵列，也可以创建二维旋转阵列。轴阵列操控板如图1-3-72所示。三维轴阵列示例如图1-3-73所示。

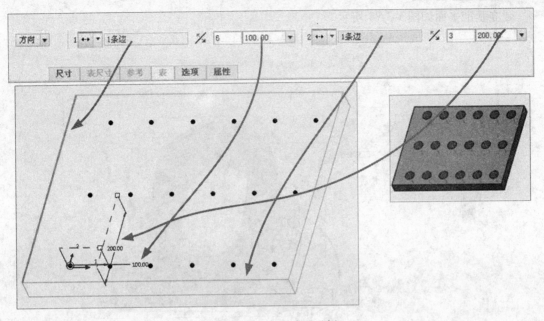

图 1-3-71　方向阵列示例

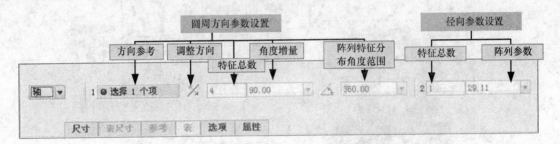

图 1-3-72　轴阵列操控板

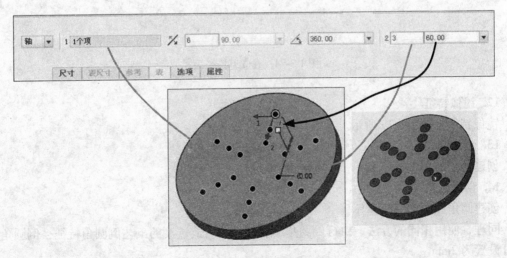

图 1-3-73　二维轴阵列示例

11. 建立基准平面

建立基准平面如图 1-3-74 所示。

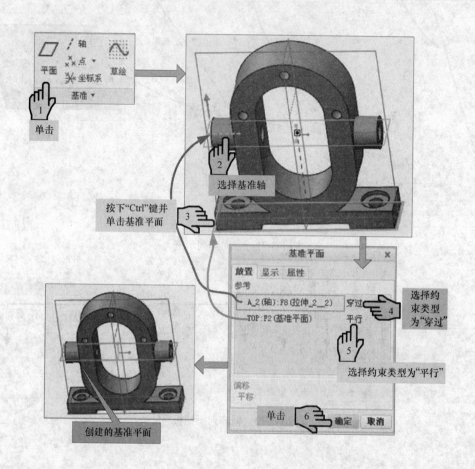

图 1-3-74　建立基准平面

12. 镜像特征

镜像特征如图 1-3-75 所示。

13. 创建倒角

创建倒角如图 1-3-76 所示。

14. 创建圆角

创建圆角如图 1-3-77 所示。

同理，使用相同的方法，执行倒圆角来设计一些铸造过渡的工艺倒圆角特征，倒圆角半径可设置为 2mm。

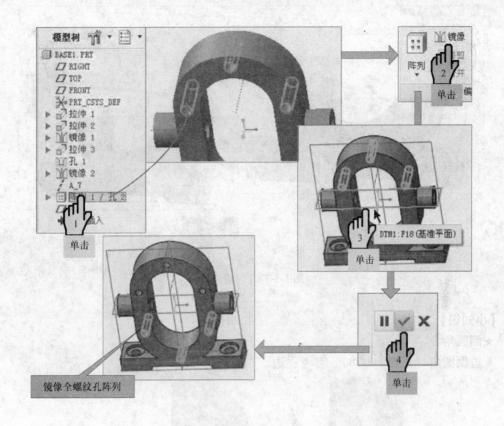

图 1-3-75　镜像特征

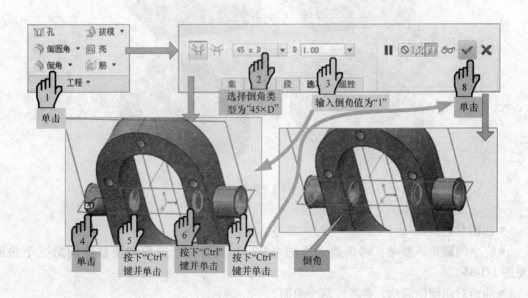

图 1-3-76　创建倒角

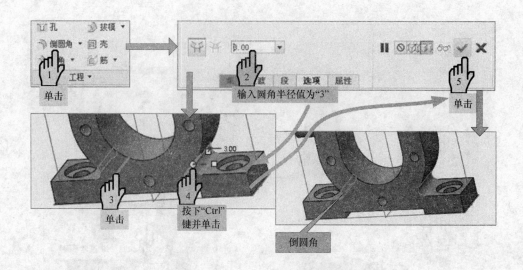

图 1-3-77　创建圆角

【小知识】

★倒圆角

●边倒圆角（见图 1-3-78），参考：边。

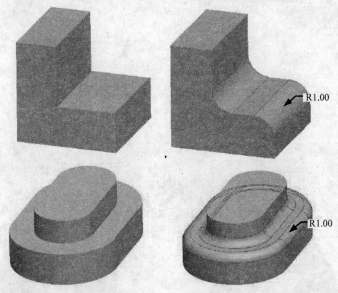

图 1-3-78　边倒圆角

●曲面对边倒圆角（见图 1-3-79），参考：曲面和边。

●完全倒圆角，参考：两条边（见图 1-3-80）或者两个曲面和要移除的第三个曲面（见图 1-3-81）。

●曲面对曲面倒圆角，参考：两个曲面。

两个平曲面倒圆角如图 1-3-82 所示，两个圆柱曲面倒圆角如图 1-3-83 所示。

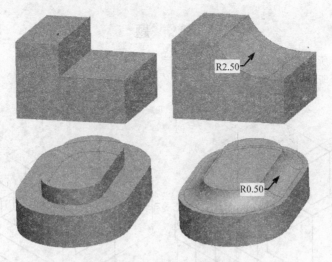

图 1-3-79 曲面对边倒圆角

图 1-3-80 两边为参考完全倒圆角 　　　图 1-3-81 两个曲面和要移除的第三个曲面参考

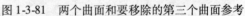

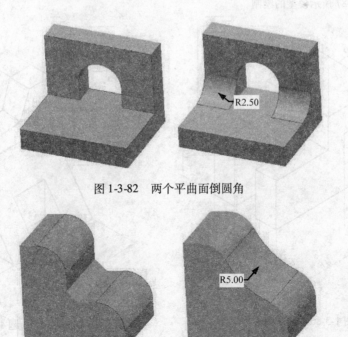

图 1-3-82 两个平曲面倒圆角

图 1-3-83 两个圆柱曲面倒圆角

习　题

1. 完成图 1-3-84 所示模型的绘制。
2. 完成图 1-3-85 所示模型的绘制。

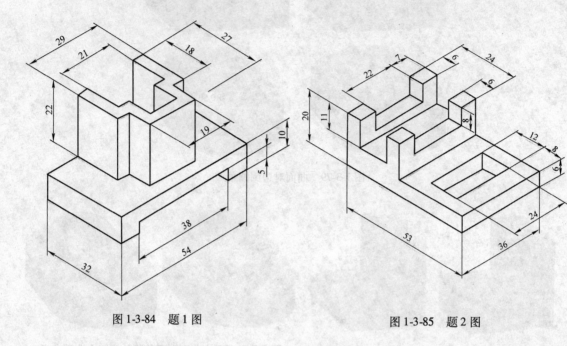

图 1-3-84　题 1 图　　　　　　　　　　　图 1-3-85　题 2 图

3. 完成图 1-3-86 所示模型的绘制。
4. 完成图 1-3-87 所示模型的绘制

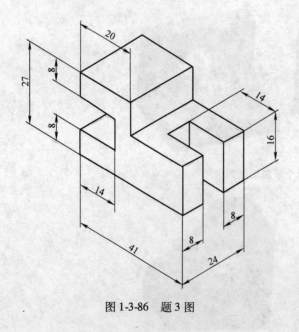

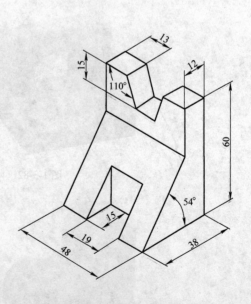

图 1-3-86　题 3 图　　　　　　　　　　　图 1-3-87　题 4 图

5. 完成图 1-3-88 所示模型的绘制。
6. 完成图 1-3-89 所示模型的绘制。

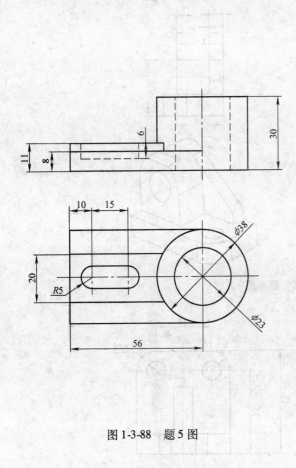

图 1-3-88　题 5 图

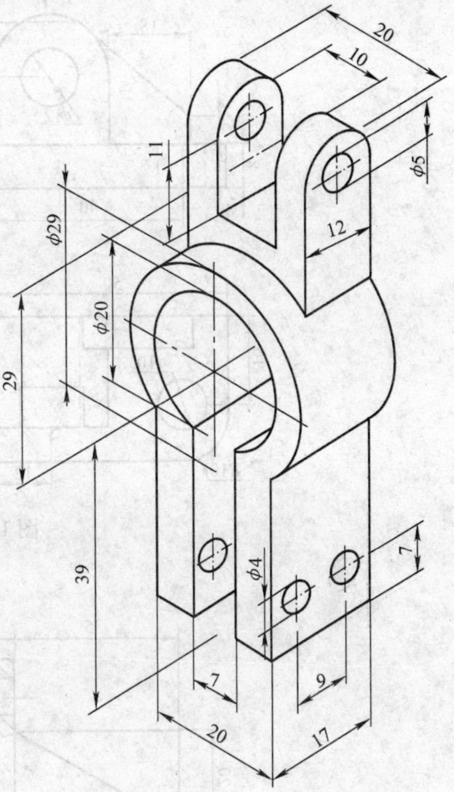

图 1-3-89　题 6 图

7. 完成图 1-3-90 所示模型的绘制。

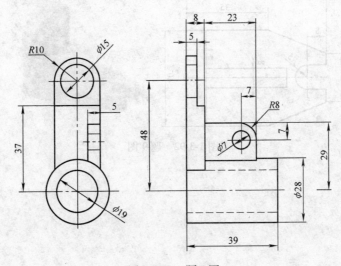

图 1-3-90　题 7 图

8. 完成图 1-3-91 所示模型的绘制。

9. 完成图 1-3-92 所示模型的绘制。

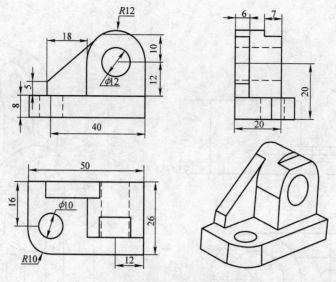

图 1-3-91　题 8 图

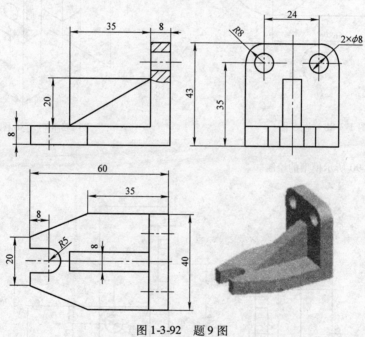

图 1-3-92　题 9 图

学习情境 4 轴类零件设计

任 务 工 单

学习情境	学习情境 4 轴类零件设计				
姓名		学号		班级	
任务目标	知识目标：掌握旋转特征的基本操作过程 　　　　　掌握操作特征中复制命令的操作方法 　　　　　掌握平行混合特征的基本操作过程 能力目标：能够绘制轴类零件 　　　　　能够使用特征操作进行零件的建模 素质目标：具有问题分析能力、自我学习能力及创新能力				

	任务 1	任务 2
任务描述		

学习总结	

	项目	分值比例	分　数	
			任务 1	任务 2
考核方法	项目计划决策	10%		
	项目实施检查	50%		
	项目评估讨论	10%		
	职业素养	20%		
	学生互评	10%		
	总分	100%		

指导教师 评语	

任务 1　阶梯轴设计

一、阶梯轴零件分析

轴是机器中的重要零件之一。机器中作旋转运动的零件如齿轮、带轮等，都安装在轴上，它们依靠轴和轴承的支承来传递运动和动力。阶梯轴各段具有不同的直径，利用阶梯的轴肩来定位不同内径的安装零件，可使轴上的零件和轴实现可靠地定位和紧固。零件在轴上的周向定位和紧固常采用键连接的方法，所以在阶梯轴上需加工出相应的键槽。

阶梯轴的主要结构如图 1-4-1 所示。

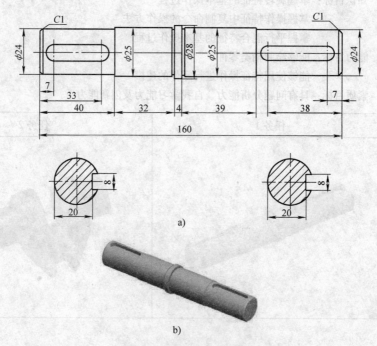

图 1-4-1　阶梯轴的主要结构
a）阶梯轴工程图　b）阶梯轴模型

二、阶梯轴设计思路

分析阶梯轴的几何结构，其基本部分可以采用旋转特征来进行创建，键槽部分的创建需要用到基准平面、拉伸特征、操作特征，另外还要用到倒角特征，如图 1-4-2 所示。

三、阶梯轴的设计过程

1. 新建零件文件

输入零件名称"shaft"。

2. 阶梯轴的创建

阶梯轴的创建过程如图 1-4-3 所示。

图 1-4-2 阶梯轴设计

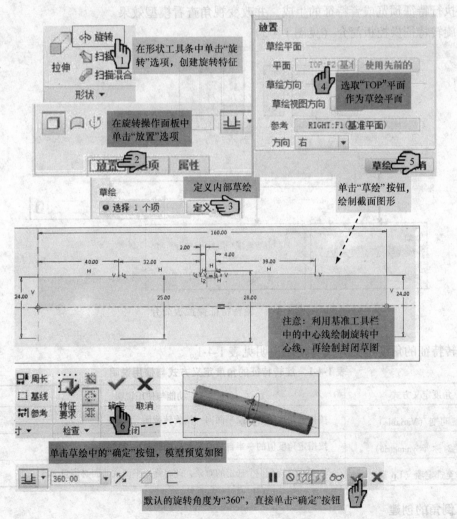

在形状工具条中单击"旋转"选项，创建旋转特征

在旋转操作面板中单击"放置"选项

定义内部草绘

选取"TOP"平面作为草绘平面

单击"草绘"按钮，绘制截面图形

注意：利用基准工具栏中的中心线绘制旋转中心线，再绘制封闭草图

单击草绘中的"确定"按钮，模型预览如图

默认的旋转角度为"360"，直接单击"确定"按钮

图 1-4-3 阶梯轴的创建过程

【小知识】

★旋转的基本概念（见图1-4-4）

旋转是指草绘一个截面后，在指定的旋转方向，以某一旋转角度绕中心线旋转而成的一类特征。旋转适合创建回转体零件。

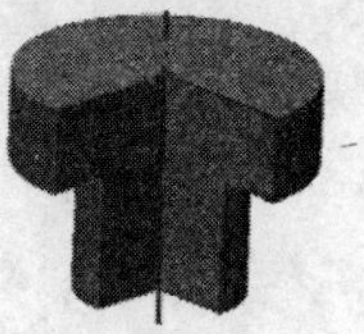

★旋转操作基本流程

●设置旋转特征类型

●单击"旋转"按钮，在"旋转"操控板中设置为"实体"或"曲面"旋转。

●打开"位置"面板以进行截面的草绘。

图1-4-4　旋转的基本概念

创建旋转特征时，其草绘截面有如下要求：

a）截面中需绘制一条中心线（基准中心线）作为旋转轴。

b）若创建实体，其截面必须完全封闭。

c）所有截面图元必须位于旋转轴的同一侧，不能跨越中心线。

●设置旋转特征的参数，包括旋转角度、旋转方向或设置切除材料等。

●执行特征预览或者特征的生成，并改变视角查看模型效果。

★旋转特征操控板简介（见图1-4-5）

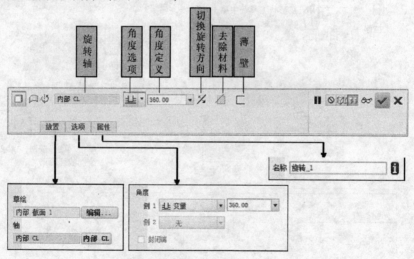

图1-4-5　旋转特征操控板简介

旋转特征的角度定义方式与使用说明见表1-4-1。

表1-4-1　旋转特征的角度定义方式与使用说明

角度定义方式	功能与使用说明
可变（Variable）	按指定角度值自草绘平面向一侧旋转截面
对称（Symmetric）	按指定角度值的一半自草绘平面向两侧对称旋转截面
至选定项（Up To）	将截面旋转至一个选定的对象，此时终止平面或曲面必须包含旋转轴

3. 倒角的创建

倒角的创建如图1-4-6所示。

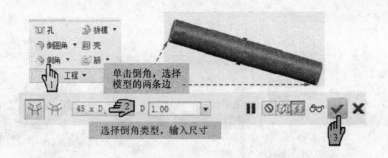

图1-4-6 倒角的创建

4. 第一个键槽的创建

第一个键槽的创建如图1-4-7所示。

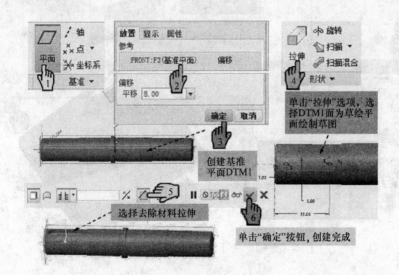

图1-4-7 第一个键槽的创建

5. 第二个键槽的创建

方法一：采用拉伸去除材料的方法创建。具体创建过程参照第一个键槽的创建。

方法二：第二个键槽只是长度与前面所绘制的键槽有所区别，因此可以利用特征操作中的复制命令进行创建，具体创建过程如图1-4-8所示。

6. 保存文件

【小知识】

★复制

复制是指将选取的单个或多个特征、局部组，在指定模型的其他位置进行再生。由复制产生的特征与原特征的形状、尺寸以及参考可以相同或不相同。利用"特征操作"命令可以实现特征的复制。

★特征复制菜单选项说明

特征复制菜单包含特征放置、特征选择与特征关系三类设定，如图1-4-9所示。

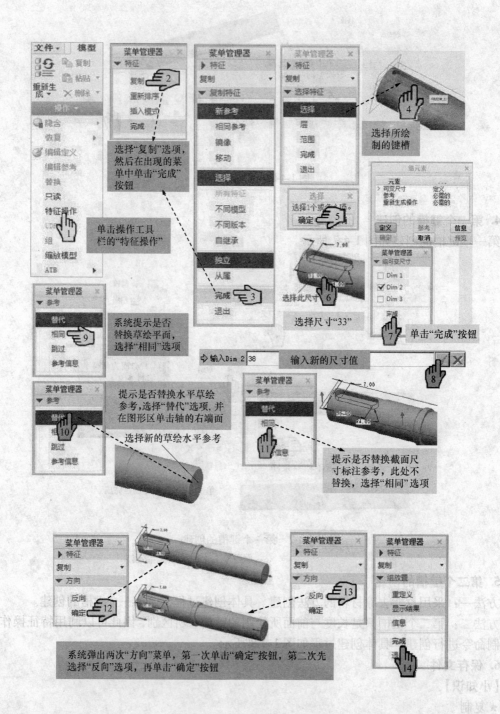

图 1-4-8　键槽的复制操作过程

　　★复制的基本流程

　　●使用"新参考"复制特征。必须重新选择特征参考且允许变更特征尺寸。

　　a）选择"模型"→"操作"→"特征操作"→"复制"→"新参考"。

　　b）指定特征选择及特征关系选项。

　　c）选取要复制的特征。

　　d）指定要变更的尺寸，然后依次输入各尺寸对应的变更值。

　　e）根据依次高亮显示的各个参考，分别指定新特征相应的参考。

　　f）确定特征的生成方向。

　　●使用"相同参考"复制特征。在不改变特征定位参照的条件下执行特征复制，允许变更特征的尺寸值。

　　a）选择"模型"→"操作"→"特征操作"→"复制"→"相同参考"。

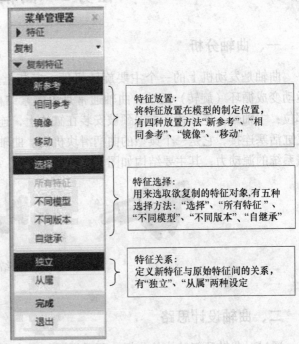

图 1-4-9　特征复制菜单选项说明

　　b）指定特征选择和特征关系选项。

　　c）选取要复制的特征。

　　d）指定要变更的尺寸并依次定义新的尺寸值或输入特征缩放的比例。

　　e）单击"特征"对话框中的"确定"按钮，完成特征的复制。

　　●通过"镜像"复制特征。以选定平面为参考面镜像所选取的特征。

　　a）选择"模型"→"操作"→"特征操作"→"复制"→"镜像"。

　　b）指定特征选择和特征关系选项。

　　c）选取要镜像的特征。使用"所有特征（All Feat）"选项，则被隐含（Suppress）或隐藏（Hide）的特征也会被选取。

　　d）选择或建立一个平面作为镜像参考面，系统会立即执行复制。

　　●通过"移动"复制特征。"移动"复制有平移与旋转两种形式。

　　a）选择"模型"→"操作"→"特征操作"→"复制"→"移动"命令。

　　b）指定特征选择和特征关系选项。

　　c）选取要复制的特征。

　　d）显示"移动特征"菜单，选择"Translate（平移）"或"Rotate（旋转）"命令，然后定义平移或旋转的方向。

　　e）输入平移的距离值或旋转的角度值。

　　f）选择要改变的尺寸标注值并依次输入对应的变更值。

　　g）单击"特征"对话框中的"确定"按钮，完成特征的复制。

任务 2　曲轴设计

一、曲轴分析

曲轴是发动机上的一个主要旋转机件，安装上连杆后，曲轴可使连杆的上下（往复）运动变成循环（旋转）运动。曲轴通常是由碳素结构钢或球墨铸铁制成的，它有两个重要部位：主轴颈，连杆颈。主轴颈被安装在缸体上，连杆颈与连杆大头孔连接，连杆小头孔与气缸活塞连接，它是一个典型的曲柄滑块机构。曲轴的旋转是发动机的动力源，也是整个机械系统的源动力，其主要结构如图 1-4-10 所示。

图 1-4-10　曲轴结构

二、曲轴设计思路

通过对曲轴几何结构的分析，可采用平行混合和旋转特征来对其进行创建。曲轴的设计思路如图 1-4-11 所示。

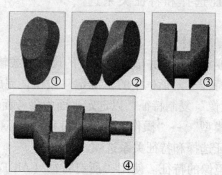

图 1-4-11　曲轴设计思路

三、曲轴的设计过程

1. 新建零件文件

2. 止推部分的创建

止推部分的创建如图 1-4-12 所示。

【小知识】

★混合特征

混合特征是指将两个或两个以上的截面图形，按特定的方式依次连接形成实体或曲面特征，各截面之间是渐变的。混合特征共有七种类型："伸出项"、"薄板伸出项"、"切口"、"薄板切口"、"曲面"、"曲面修剪"和"薄曲面修剪"，如图 1-4-13 所示。

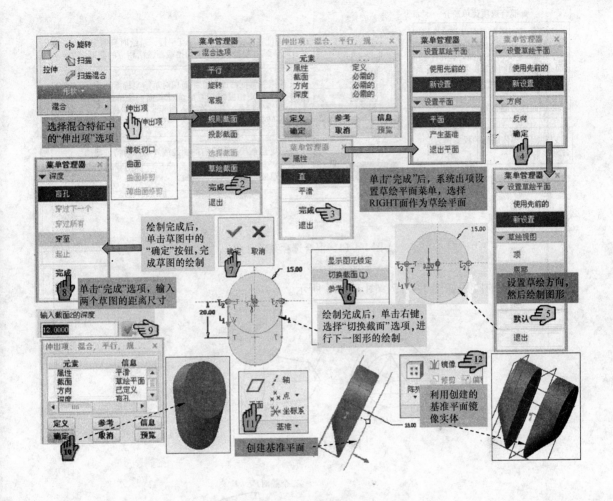

图 1-4-12 止推部分的创建

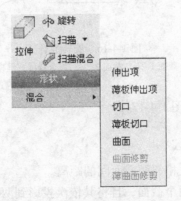

图 1-4-13 混合特征的类型

★混合选项菜单简介（见图 1-4-14）

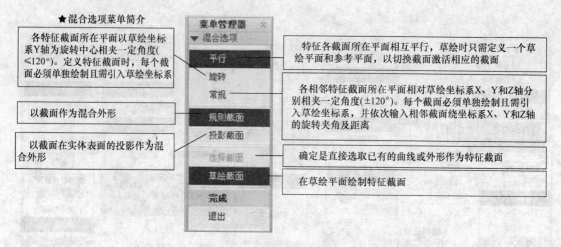

图 1-4-14　混合选项菜单介绍

混合特征的应用如图 1-4-15、图 1-4-16 所示。

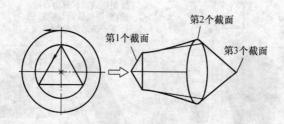

图 1-4-15　平行混合

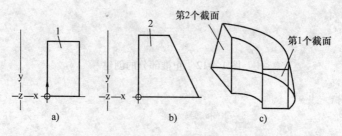

图 1-4-16　旋转混合
a）截面 1　b）截面 2　c）混合特征三维模型

★平行混合菜单简介（见图 1-4-17）

★平行混合操作基本流程

●平行混合的类型

a）规则截面：需依次输入相邻两截面间的距离。

b）投影截面：允许绘制两个截面，且将其依次投影到两个相对的实体曲面上。

●创建具有规则截面的平行混合

a）选择混合命令及混合类型。

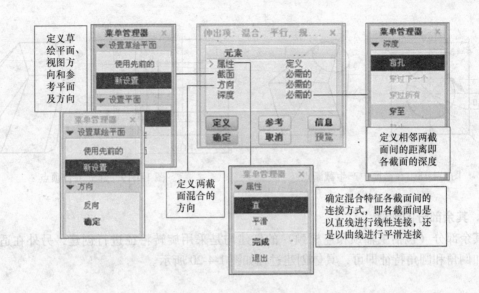

图 1-4-17　平行混合菜单简介

b）选择"平行"→"规则截面"→"草绘截面"→"完成"命令。

c）在"属性"菜单中选择"直的"或"光滑"。

d）定义草绘平面、草绘视图方向和参考平面及其方向。

e）进入草绘模式设置草绘参考，并草绘第一个混合截面。

f）单击鼠标右键，在系统出现的快捷菜单中选择"切换截面"选项，激活第二个截面并进行绘制。

g）按上述方法继续草绘截面，完成所有截面草绘后退出。

h）依次定义相邻两截面间的距离即各截面的深度，完成特征的创建。

●创建具有投影截面的平行混合

a）选择混合命令及混合类型。

b）选择"平行"→"投影截面"→"草绘截面"→"完成"。

c）定义草绘平面、草绘视图方向以及参考平面与其方向。

d）进入草绘模式设置草绘参考，并草绘第一个混合截面。

e）单击鼠标右键，在系统出现的快捷菜单中选择"切换截面"选项，激活第二个截面，并草绘第二个截面，之后退出草绘。

f）按住"Ctrl"键，依次选取两个曲面（实体表面），完成特征的创建。

注意：创建混合特征时，各个特征截面的线段数量（或顶点数）必须相等，且要合理确定每个截面的起始点。如果某截面的起始点位置不对，则必须在截面外形上重新选定顶点，然后选择快捷菜单中的"起始点"命令加以更正。

如果各特征截面的顶点数不相等，则必须按照"以少变多"的原则产生新的顶点数：单击"草绘分割"命令直接在截面外形上新增所需的截断点，如图 1-4-18 所示；利用快捷菜单中的"混合顶点"命令将某顶点设置为混合顶点，相邻截面上的多个顶点会同时连接至该指定的混合顶点，如图 1-4-19 所示。

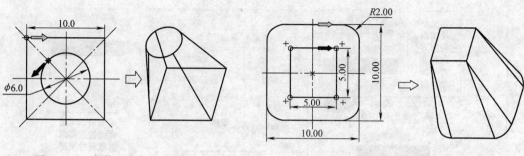

图 1-4-18   在截面中产生截断点   图 1-4-19   建立混合顶点

3. 其余部分的创建

其余部分（包括主轴颈和连杆颈）的创建均是采用旋转特征进行创建，另外在适当部位添加倒角和圆角特征即可，具体创建过程如图 1-4-20 所示。

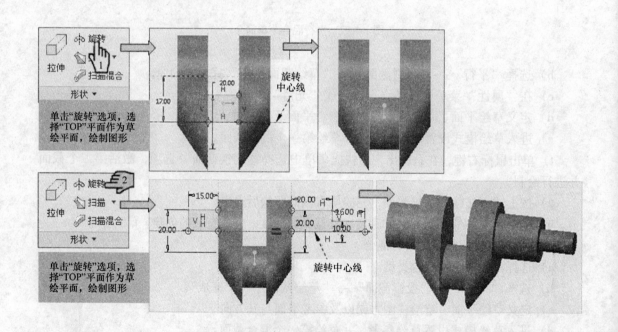

图 1-4-20   其余部分的创建过程

4. 保存文件

习   题

1. 完成图 1-4-21 所示带轮的绘制。
2. 完成图 1-4-22 所示零件的绘制。
3. 完成图 1-4-23 所示零件的绘制。

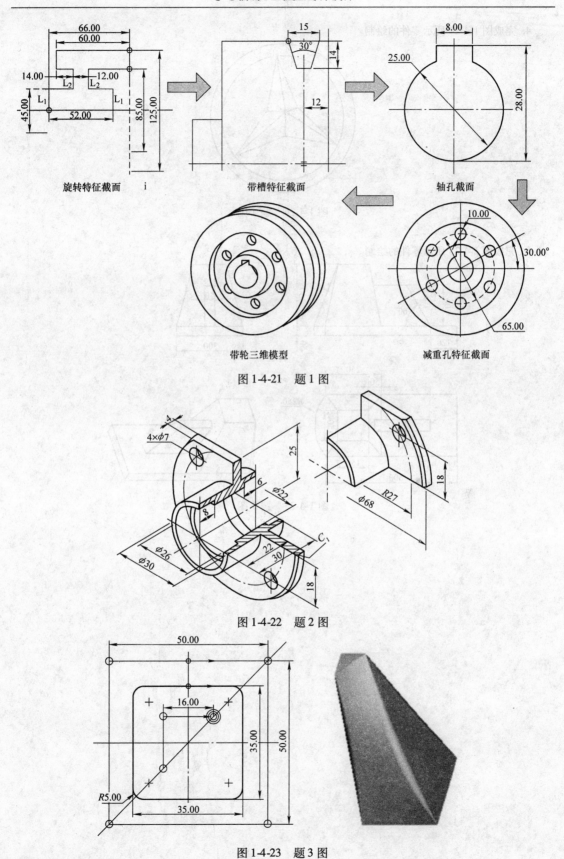

旋转特征截面 i 带槽特征截面 轴孔截面

带轮三维模型 减重孔特征截面

图 1-4-21　题 1 图

图 1-4-22　题 2 图

图 1-4-23　题 3 图

4. 完成图 1-4-24 所示零件的绘制。

图 1-4-24　题 4 图

5. 完成图 1-4-25 所示零件的绘制。

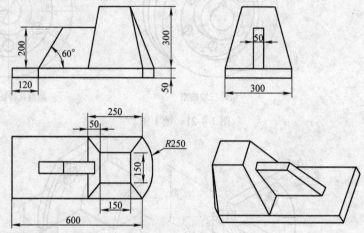

图 1-4-25　题 5 图

学习情境 5 弹簧类零件设计

任 务 工 单

学习情境	学习情境 5 弹簧类零件设计				
姓名		学号		班级	
任务目标	知识目标：掌握扫描特征的基本操作过程 　　　　　掌握螺旋扫描的操作方法 　　　　　掌握通过方程创建基准曲线的基本方法 能力目标：能够绘制弹簧类零件 　　　　　能够创建基准曲线 素质目标：具有问题分析能力、自我学习能力及创新能力				

	任务 1	任务 2
任务描述		

学习总结	

考核方法	项目	分值比例	分　　数	
			任务 1	任务 2
	项目计划决策	10%		
	项目实施检查	50%		
	项目评估讨论	10%		
	职业素养	20%		
	学生互评	10%		
	总分	100%		

指导教师评语	

任务 1　螺旋弹簧设计

一、零件分析

弹簧是一种利用弹性来工作的机械零件，通常采用弹簧钢制成，用以控制机件的运动、缓和冲击或振动、储蓄能量、测量力的大小等，广泛应用于机器、仪表中。弹簧的种类繁多，按形状分，主要有螺旋弹簧、涡卷弹簧、板弹簧等。本任务主要是完成螺旋弹簧的三维建模。

高度：50mm
螺距：5mm
节径：30mm
线径：3mm
两端磨平

图 1-5-1　螺旋弹簧

螺旋弹簧零件如图 1-5-1 所示，建立其三维实体模型需要定义的参数有：弹簧的高度、外形、截面形状、螺距、节径、线径及旋向等。

根据弹簧的外形结构，可采用螺旋扫描的方式进行建模。

二、设计过程

下面以图 1-5-1 所示螺旋弹簧为例，来说明利用螺旋扫描特征创建这一类特征的一般过程。

1. 新建零件文件

2. 创建螺旋扫描特征

螺旋扫描创建过程如图 1-5-2 所示。

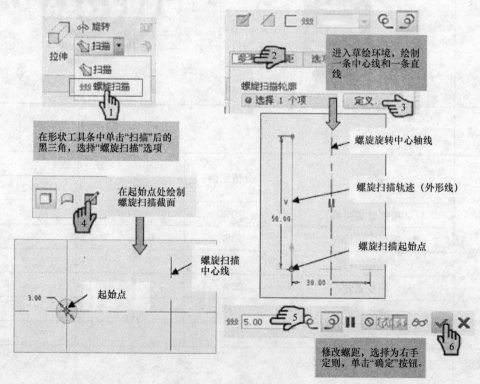

图 1-5-2　螺旋扫描创建过程

3. 磨平弹簧两端

可采用前面学过的去除材料的拉伸方式进行磨平，这里不再叙述。

4. 保存文件

【小知识】

★螺旋扫描特征

螺旋扫描特征是指将一个截面沿着假想的螺旋轨迹线进行扫描而生成的特征。

★螺旋扫描操作基本流程

● 选择"螺旋扫描"命令。

● 定义螺旋扫描轨迹（外形线）。

注意：生成螺旋扫描特征时，外形线会绕中心线旋转出一个假想的轮廓面，以限定假想螺旋轨迹位于其上。

● 创建螺旋扫描截面。

● 修改螺距，选择旋向。

★螺旋扫描操控板简介（见图1-5-3）

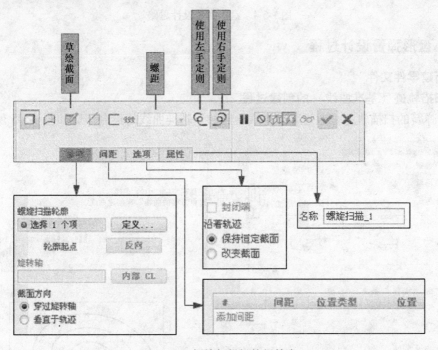

图 1-5-3　螺旋扫描操控板简介

螺旋扫描操控板上各选项功能介绍见表1-5-1。

表 1-5-1　各选项功能介绍

选　　项	功能介绍
参　　考	定义螺旋扫描轮廓、旋转轴及截面方向（默认为穿过旋转轴）
间　　距	通过添加间距（螺距）可创建螺距变化的实体特征
选　　项	定义截面是否可变（默认为保持恒定截面）
属　　性	为特征输入自定义名称以替换自动生成的名称

任务 2　盘形弹簧设计

一、盘形（涡卷）弹簧零件分析及设计思路

　　盘形弹簧需要定义的参数有涡状线及截面形状。创建这类实体的思路是：一个截面沿着一涡状线进行扫描，所形成的实体即成为该盘形弹簧的实体模型，如图 1-5-4 所示。

图 1-5-4　盘形弹簧设计思路

二、盘形弹簧设计过程

1. 新建零件文件

2. 扫描轨迹（基准曲线）的创建过程

盘形弹簧的扫描轨迹是通过基准曲线绘制的。基准曲线的绘制步骤如图 1-5-5 所示。

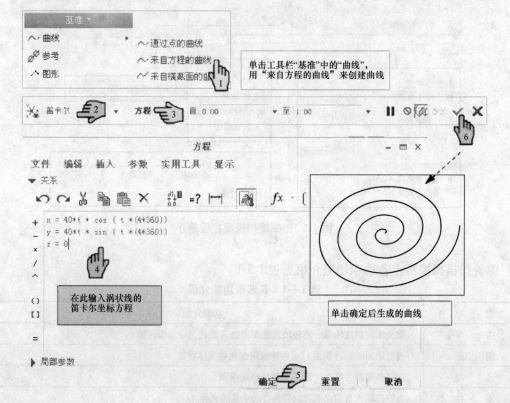

图 1-5-5　扫描轨迹的创建过程

【小知识】

★基准曲线

基准曲线可用于创建曲面和其他特征，或作为扫描轨迹。

★基准曲线的创建方法

基准曲线的创建方法有三种："通过点的曲线"、"来自方程的曲线"和"来自横截面的曲线"，如图1-5-6所示。

图1-5-6 基准曲线的创建方法

基准曲线的创建方法见表1-5-2所示。

表1-5-2 基准曲线的创建方法

创建方法	说　明	图　例
通过点的曲线	定义一连串参考点来建立基准曲线。可以用样条曲线来连接点，也可用直线来连接点	
来自方程的曲线	用于在指定的坐标系统下，依据输入的曲线方程式建立基准曲线。创建时要求先选取某坐标系作为参考，并指定坐标类型	
来自横截面的曲线	用于定义一个平面横截面，并在平面横截面边界（即平面横截面与零件轮廓的相交处）创建基准曲线	

★ "来自方程的曲线"操控板简介（见图 1-5-7）

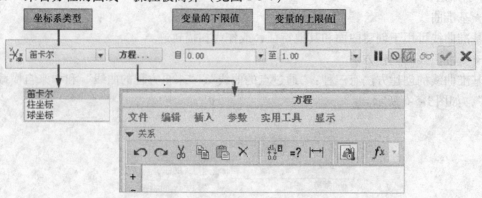

图 1-5-7 "来自方程的曲线"操控板简介

3. 扫描特征的创建过程

扫描特征的创建过程如图 1-5-8 所示。

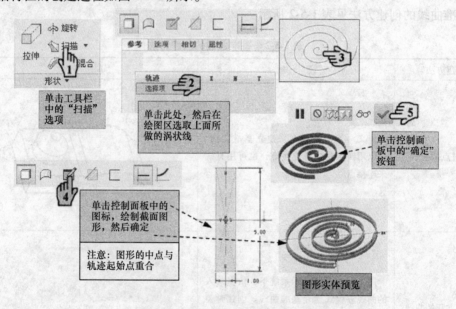

图 1-5-8 扫描特征的创建过程

4. 保存文件

【小知识】

★扫描

扫描是指由二维截面沿一条平面或空间轨迹运动，形成曲面或实体特征过程。

使用扫描建立增料或减料特征时，必须给定两大特征要素：扫描轨迹和扫描截面。

★扫描操作基本流程

● 创建草图，绘制扫描轨迹。

● 选择"扫描特征"选项，选取扫描轨迹，然后绘制扫描截面。

● 预览效果，确定完成。

★扫描特征操控板简介（见图 1-5-9）

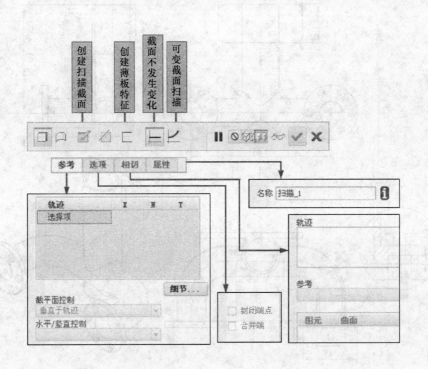

图 1-5-9　扫描特征操控板简介

习　题

1. 完成图 1-5-10 所示弹簧的绘制。

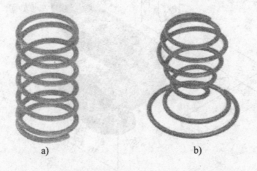

a)　　　　　　　　　　　　　　　　b)

图 1-5-10　题 1 图

a）等径非等螺距弹簧　b）等螺距非等径弹簧

2. 完成图 1-5-11 所示零件的绘制。

3. 完成图 1-5-12 所示零件的绘制。

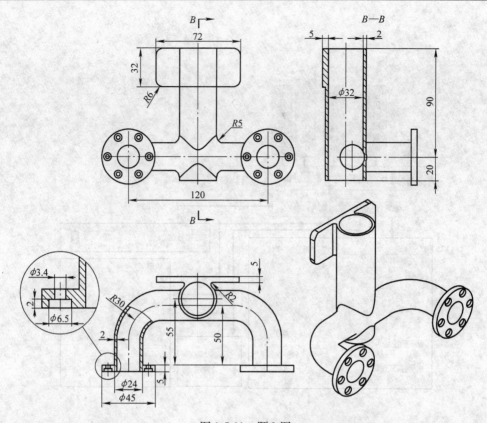

图 1-5-11　题 2 图

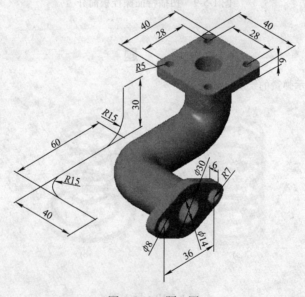

图 1-5-12　题 3 图

学习情境6　凸轮类零件设计

任 务 工 单

学习情境	学习情境6　凸轮类零件设计				
姓名		学号		班级	
任务目标	知识目标：掌握可变截面扫描的操作方法 　　　　　掌握参数化建模的基本概念和方法 　　　　　掌握投影的操作方法 能力目标：能够绘制凸轮类零件 　　　　　能够使用参数化建模的方法进行设计 素质目标：具有问题分析能力、自我学习能力及创新能力				

任务描述	任务1	任务2

学习总结	

考核方法	项目	分值比例	分　数	
			任务1	任务2
	项目计划决策	10%		
	项目实施检查	50%		
	项目评估讨论	10%		
	职业素养	20%		
	学生互评	10%		
	总分	100%		

指导教师 评语	

凸轮是指外形按一定运动规则建立起来的构件，它对从动件的运动起着决定性作用，可实现各种复杂的运动要求，结构简单、紧凑。但凸轮与从动件是点、线接触，易磨损，不适合高速重载的场合。适合传递运动，不适合传递动力。

凸轮按照形状分类有盘形凸轮、移动凸轮、圆柱凸轮。盘形凸轮是仅具有径向廓线尺寸变化并绕其轴线旋转的凸轮。圆柱凸轮是一个在圆柱面上开有曲线凹槽或在圆柱端面上作出曲线轮廓的构件，如图 1-6-1、图 1-6-2 所示。

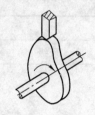

图 1-6-1　盘形凸轮

图 1-6-2　圆柱凸轮

任务 1　盘形凸轮设计

一、盘形凸轮设计思路

盘形凸轮外轮廓具有变化的径向廓线尺寸，建模时要进行参数化设计。所谓参数化设计就是用数学运算方式建立模型各尺寸参数间的关系式，使之成为可任意调整的参数。当改变某个尺寸参数值时，系统将自动改变所有与它相关的尺寸，实现了通过调整参数来修改和控制零件几何形状的功能。采用参数化造型的优点在于它彻底克服了自由建模的无约束状态，几何形状均以尺寸参数的形式被有效地控制，再需要修改零件形状时，只需修改与该形状相关的尺寸参数值，零件的形状就会根据尺寸的变化自动进行相应的改变。

图 1-6-3 所示盘形凸轮，可采用图形和变截面扫描的方法进行参数化设计。

图 1-6-3　盘形凸轮设计

二、盘形凸轮设计过程

下面以图 1-6-3 所示的盘形凸轮为例，介绍其设计过程（见图 1-6-4～6）。

1. 新建零件文件

2. 凸轮半径变化线的绘制

凸轮半径变化线的绘制过程如图 1-6-5 所示。

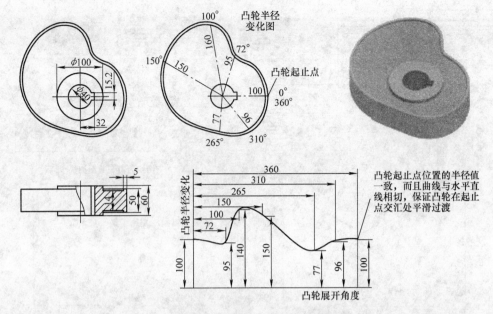

图 1-6-4　盘形凸轮及尺寸参数

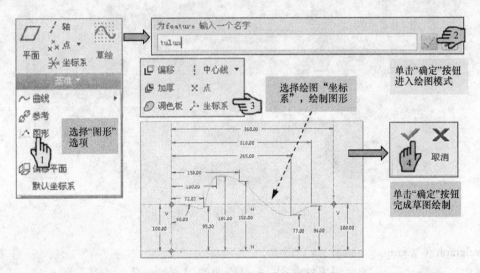

图 1-6-5　凸轮半径变化线的绘制过程

3. 盘形凸轮的创建

盘形凸轮的创建如图 1-6-6 所示。

4. 保存文件

【小知识】

★图形

图形是指利用曲线表计算函数，可使用曲线表特征通过关系来驱动尺寸的绘图工具。

在变剖面扫描中，有些特殊形状无法用公式确切描述，或者说描述起来比较麻烦，可通过图形工具直观地解决这个问题。它在关系式中需要与 evalgraph 函数一起使用。尺寸可以是截面、零件或组件尺寸。格式如下：

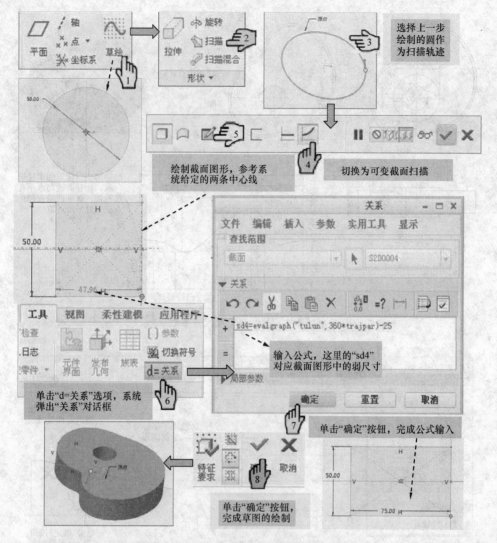

图 1-6-6　盘形凸轮的创建

evalgraph（" graph_name", x）

其中，graph_name 为曲线表的名称；x 是沿曲线表 x 轴的值，为其返回 y 值。

注意：对于扫描特征，可指定轨迹参数 trajpar 作为该函数的第二个自变量。

★ 可变截面扫描

沿一个或多个选定轨迹扫描截面而创建出的实体或曲面特征，扫描中特征截面的外形可随扫描轨迹进行变化，而且能任意决定截面草绘的参考方位。

可变截面扫描与扫描不同在于：扫描仅是单一截面沿着一条轨迹线扫描出实体或曲面，而且截面在任一位置都必须保持与轨迹线正交和固定不变；可变截面扫描要自由得多，可以是一个截面沿多条轨迹线扫描，也可以是多个截面垂直一条轨迹线扫描。

★ 可变截面扫描的操作流程

● 绘制扫描轨迹线。

● 单击特征工具栏中的"扫描"按钮。

● 在特征操控板中，设置"创建实体"、"曲面"或"薄体"，单击"可变截面扫描"

选项。

- 打开"参考"面板，选择各条扫描轨迹并分别指定其类型。
- 打开草绘器，草绘扫描截面。
- 单击操控板中的"✓"按钮，完成特征的创建。

5. 盘形凸轮其余部分的创建

盘形凸轮其余部分的创建如图 1-6-7 所示。

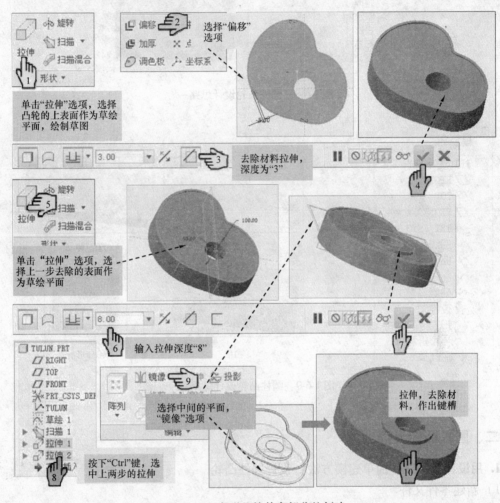

图 1-6-7 盘形凸轮其余部分的创建

任务2 圆柱凸轮设计

一、圆柱凸轮设计思路

设计思路一：简单建模方法。分析圆柱凸轮的结构，采用拉伸、扫描、投影等特征进行创建。主要应用于从动件运动轨迹要求不严格的场合。设计思路如图 1-6-8 所示。

设计思路二：参数化建模方法。首先采用参数化建模的方法，通过方程建立从动件运动轨迹曲线，然后利用拉伸、去除材料扫描、环形折弯的方式创建圆柱凸轮。主要应用于从动件运动轨迹有具体要求的场合。设计思路如图1-6-9所示。

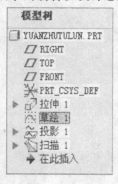
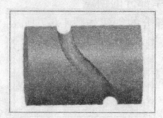

图1-6-8　圆柱凸轮设计思路一

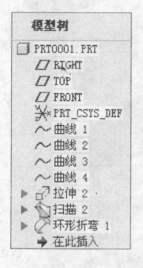
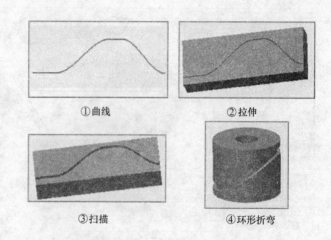

①曲线　　　　②拉伸

③扫描　　　　④环形折弯

图1-6-9　圆柱凸轮设计思路二

二、圆柱凸轮设计过程

1. 用设计思路一（简单建模方法）设计圆柱凸轮

1）新建零件文件。

2）圆柱凸轮设计。圆柱凸轮设计过程如图1-6-10所示。

3）保存文件。

【小知识】

★投影的作用

投影的作用是将一条曲线投影到指定的曲面上。可使用"投影"工具在实体上和非实体曲面、面组或基准平面上创建投影基准曲线。可使用投影基准曲线修剪曲面，绘出扫描轨迹的轮廓或在"钣金件设计"中创建切口。如果曲线是通过在平面上草绘来创建的，那么可对其进行阵列。

投影曲线的方法有两种：

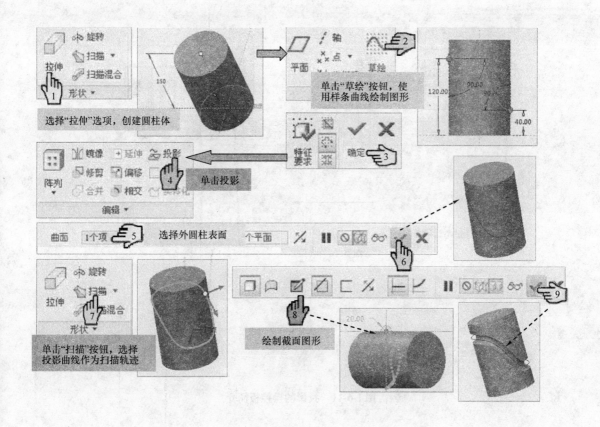

图 1-6-10 圆柱凸轮设计过程

- 投影草绘：创建草绘或将现有草绘复制到模型中以进行投影。
- 投影链：选取要投影的曲线或链。
★ 投影的操作流程
- 单击"投影"操作。
- 选择投影曲线的类型及曲线。
- 选择投影曲面，确定投影方向。
- 预览效果，单击"确定"按钮。
★ 投影的操控板简介（见图 1-6-11）

2. 用设计思路二（参数化建模方法）设计圆柱凸轮

要求：生成一个圆柱凸轮，外径 $D = 200\text{mm}$，长度 $L = 240\text{mm}$，滚子半径 $R_r = 30\text{mm}$。从动件运动规律：凸轮转角从 $0° \sim 120°$ 时，从动件以余弦运动规律向一端移动 160mm；从 $120° \sim 150°$ 时，从动件静止（远休止）；从 $150° \sim 300°$ 时，从动件以余弦运动规律向另一端移动 160mm，然后返回；从 $300° \sim 360°$ 时，从动件又静止。

设计过程如下。

1）新建零件文件。

2）创建从动件的运动轨迹。

创建推程段曲线（转角 $0° \sim 120°$），如图 1-6-12 所示。

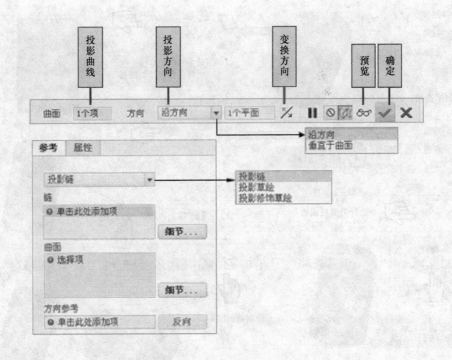

图 1-6-11　投影的操控板简介

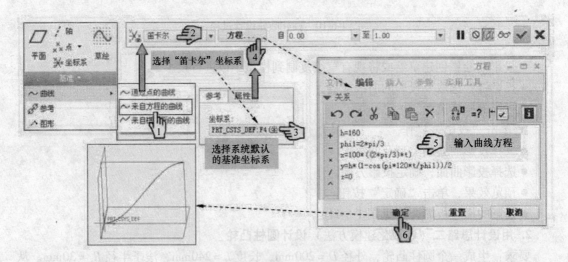

图 1-6-12　推程段曲线创建过程

同样步骤创建另外三段曲线，这里不重复说明。远休止段（120°~150°）曲线方程为

$$h = 160$$
$$x = 200 * pi/3 + 100 * (pi/6 * t)$$
$$y = h$$
$$z = 0$$

150°~300°段的曲线方程为

$$h = 160$$
$$phi2 = 5 * pi/6$$
$$x = 100 * (5 * pi/6) + 100 * (5 * pi/6) * t$$
$$y = h * (1 + \cos(pi * 150 * t/phi2))/2$$
$$z = 0$$

300° ~ 360°段的曲线方程为

$$x = 100 * 5 * pi/3 + 100 * pi/3 * t$$
$$y = 0$$
$$z = 0$$

四段曲线创建完成如图 1-6-13 所示。

3）圆柱凸轮的设计过程如图 1-6-14 所示。

4）保存文件。

【小知识】

★环形折弯

该指令可以把实体、或曲线折弯成环形，通常用于创建环形曲面上有花纹的形状，比如圆柱凸轮、轮胎等就是典型的示例。环形折弯

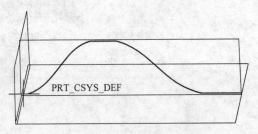

图 1-6-13　从动件运动轨迹曲线

同时实现两个方向的折弯，一个是径向的折弯，另一个是截面上的折弯，如图 1-6-15 所示。

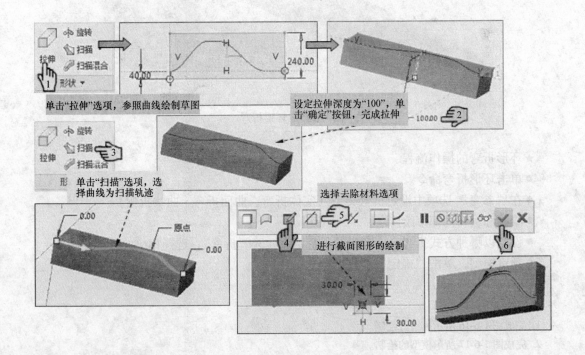

图 1-6-14　圆柱凸轮设计过程

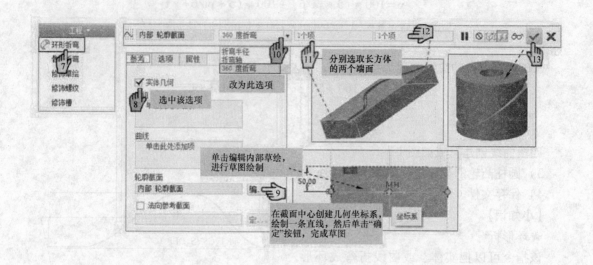

图 1-6-14　圆柱凸轮设计过程（续）

图 1-6-15　环形折弯

★环形折弯的操作流程

● 单击环形折弯命令。

● 在"参考"选项中设定折弯类型（实体折弯、曲面折弯、曲线折弯）。

● 绘制和编辑内部草绘。

● 设定以哪种方式折弯（折弯半径、折弯轴、360°折弯），选择相应的选项。

● 预览模型，单击"确定"按钮。

习　　题

1. 完成图 1-6-16 所示模型的绘制。

2. 完成图 1-6-17 所示模型的绘制。

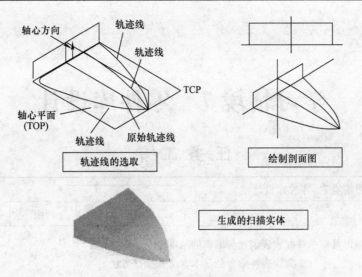

图 1-6-16　题 1 图

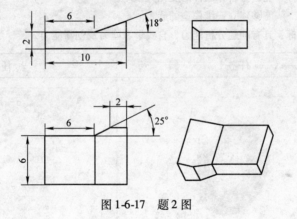

图 1-6-17　题 2 图

学习情境 7 零件库设计

任务工单

学习情境	学习情境 7 零件库设计				
姓名		学号		班级	
任务目标	知识目标：掌握族表创建与编辑的基本命令 　　　　　掌握族表各命令的基本含义及操作方法 　　　　　掌握阵列方式添加族表参数的方法 能力目标：能够分析标准件的变化关系 　　　　　能够建立三维模型的族表 素质目标：具有问题分析能力、自我学习能力及创新能力				
任务描述	任务 1			任务 2	
任务描述					
学习总结					

考核方法	项目	分值比例	分　数	
			任务 1	任务 2
考核方法	项目计划决策	10%		
	项目实施检查	50%		
	项目评估讨论	10%		
	职业素养	20%		
	学生互评	10%		
	总分	100%		

指导教师 评语	

任务1 标准垫片零件库设计

一、标准件零件分析

标准件是指结构、尺寸、画法、标记等各个方面都已经完全标准化，并由专业厂生产的常用的零（部）件，如螺纹件、键、销、滚动轴承等。广义的标准件包括标准化的紧固件、连接件、传动件、密封件、液压元件、气动元件、轴承、弹簧等机械零件。狭义的标准件仅包括标准化紧固件。

在机械设计工作中，可以考虑为螺钉、螺栓、螺母、垫圈等常用紧固件类标准件建立族表，从而形成一系列的相似零件，组成一个实用的零件库。

二、标准垫片零件库设计思路（见图1-7-1）

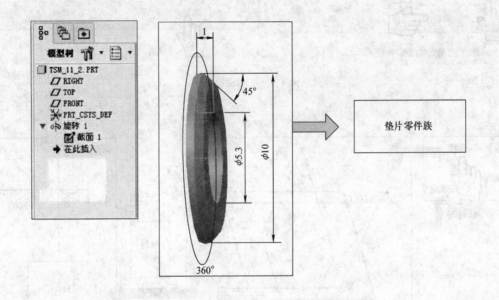

图1-7-1　标准垫片零件库设计思路

三、标准垫片零件库设计过程

1. 建立基础零件

基础零件的创建方式如图1-7-2和图1-7-3所示。

注意垫片倒角处的尺寸关系，垫片的倒角大小等于垫片厚度的一半，最好用中点几何关系或者对称关系来约束，这样可以省去一个关系式，在创建族表时，需要列表的尺寸是$\phi10$mm、$\phi5.3$mm、1mm。

2. 创建族表

创建族表如图1-7-4所示。

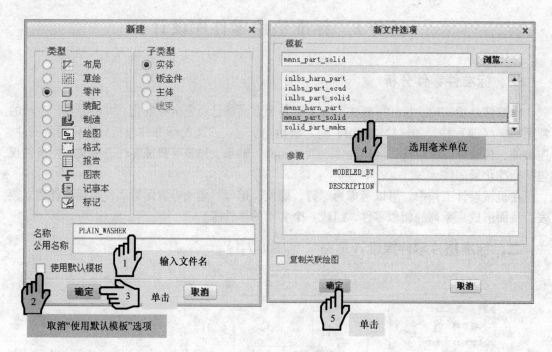

图 1-7-2 新建零件

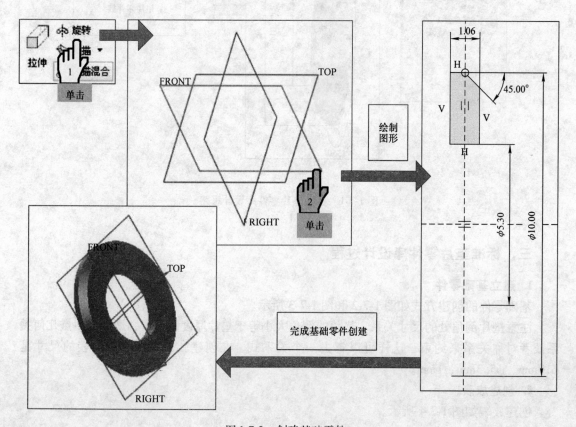

图 1-7-3 创建基础零件

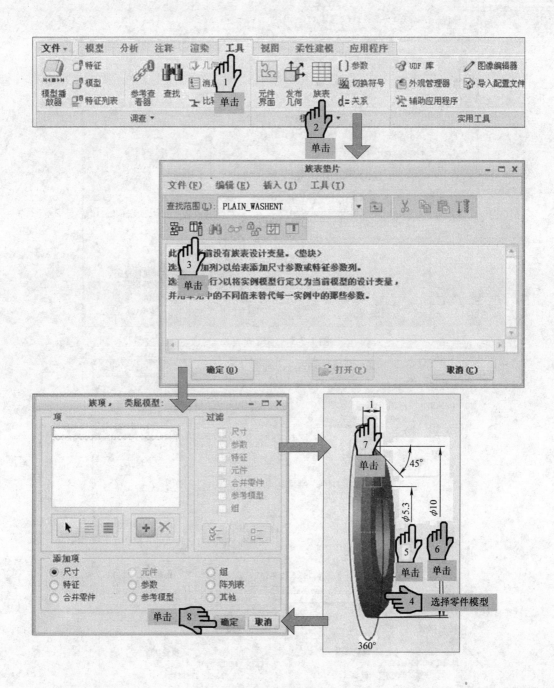

图 1-7-4　创建族表

3. 编辑族表

编辑族表如图 1-7-5 所示。

4. 检验实例

检验实例如图 1-7-6 所示。

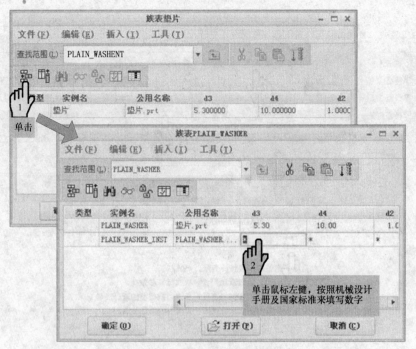

图 1-7-5　编辑族表

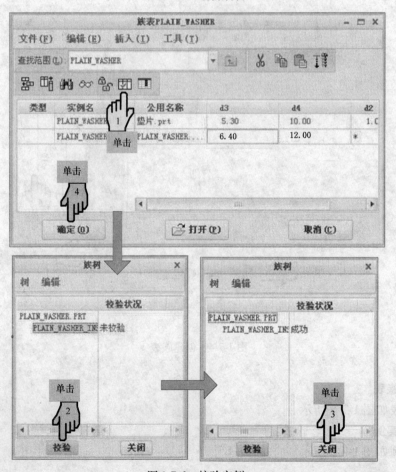

图 1-7-6　校验实例

5. 保存文件

单击"保存"按钮，保存零件模型。

6. 打开建好的族表零件

打开建好的族表零件如图 1-7-7 所示。

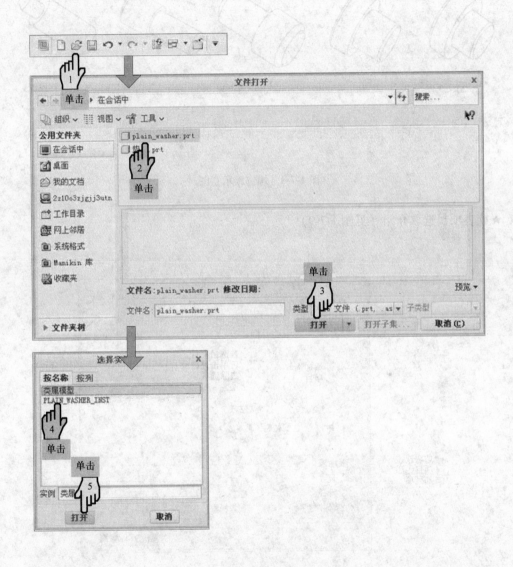

图 1-7-7　打开族表零件

【小知识】

★族表概念

族表实际上是结构相同零件的集合，但有些参数的大小有所不同。如图 1-7-8 所示的各零件，虽然尺寸大小不同，但结构相同，并且具有相同的功能。这些结构形状相似的零件集合称为族表，族表中的零件称为表驱动零件。在图 1-7-8 中，图 a 是普通模型（类属模型），图 b、c、d、e 是族表的实例零件。

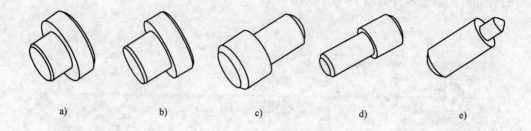

a)　　　　　　b)　　　　　　c)　　　　　　d)　　　　　　e)

图 1-7-8　螺钉族示意图

★族表项目选取介绍（见图 1-7-9）

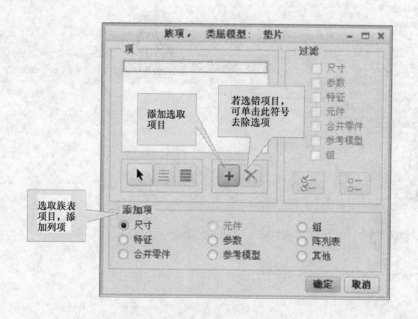

图 1-7-9　族表项目选取介绍

注意：族表编辑器里各个列项的排列，是根据选取顺序排列的，所以选取时最好把相关项挨着选在一起，以免数据混乱；并且最好给各个项对应的对象（尺寸、特征等）取个有实际意义的名字，这些名字将会在族表编辑器的表头里显示出来，以便于以后的数据管理。

任务 2 螺栓零件库设计

一、螺栓零件库设计分析

螺栓是一种常见的紧固标准件，其结构中有标准螺纹，在此可以用修饰螺纹的方法来完成模型的建立，从而满足工程图中标准螺纹的表示。本任务将以内六角圆柱螺钉为例对其进行讲解。

二、螺栓零件库设计思路

螺栓零件库设计思路如图 1-7-10 所示。

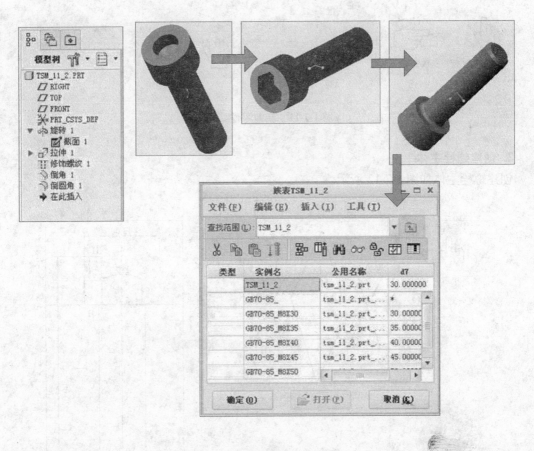

图 1-7-10 螺栓零件库设计思路

三、螺栓零件库设计过程

1. 新建零件文件

新建零件文件如图 1-7-11 所示。

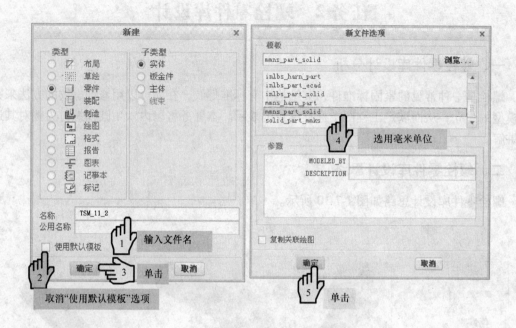

图 1-7-11　新建零件文件

2. 创建螺栓主体

创建螺栓主体如图 1-7-12 所示。

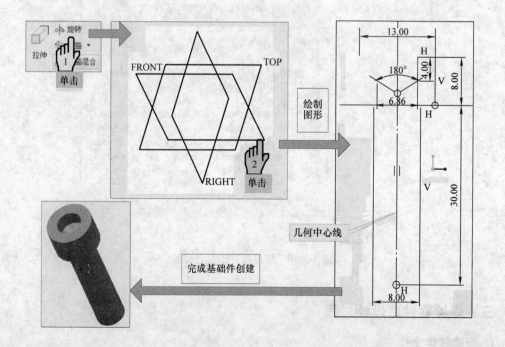

图 1-7-12　创建螺栓零件主体

3. 建构内六角造型

建构内六角造型如图 1-7-13 所示。

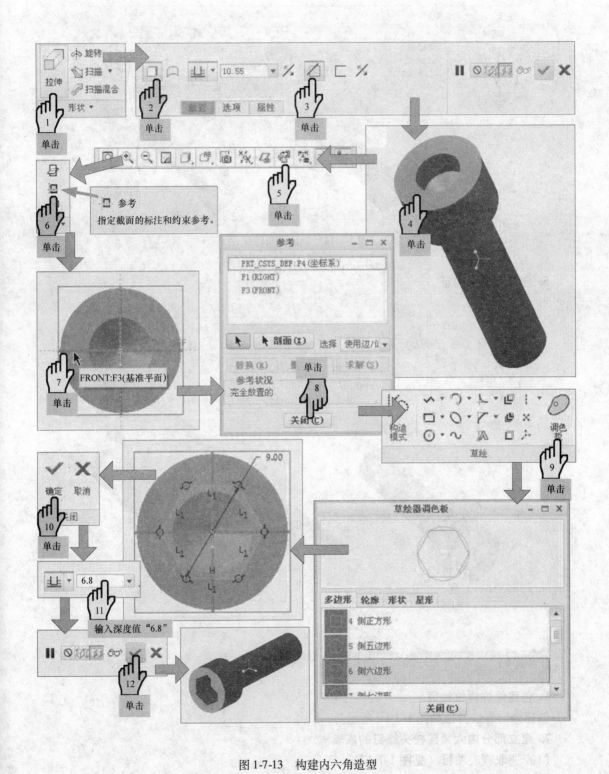

图 1-7-13　构建内六角造型

4. 创建倒角特征

创建倒角特征如图 1-7-14 所示。

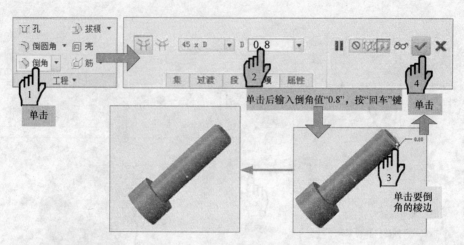

图 1-7-14　创建倒角特征

5. 创建倒圆角特征

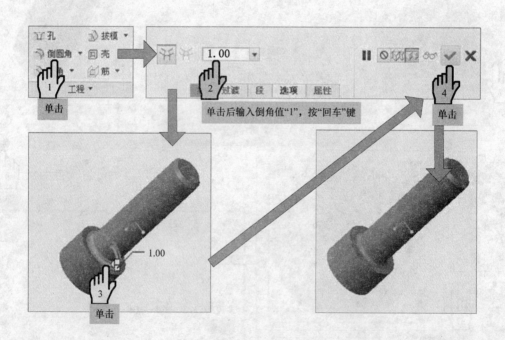

图 1-7-15　创建倒圆角特征

6. 创建修饰螺纹特征

创建修饰螺纹特征如图 1-7-16 所示。

7. 建立部分内六角圆柱头螺钉的族表

（1）选取族表项目（见图 1-7-17）

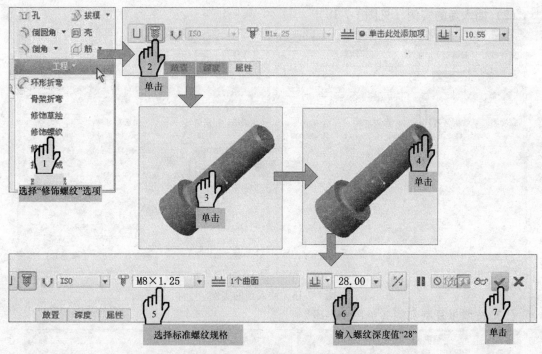

图 1-7-16　创建修饰螺纹特征

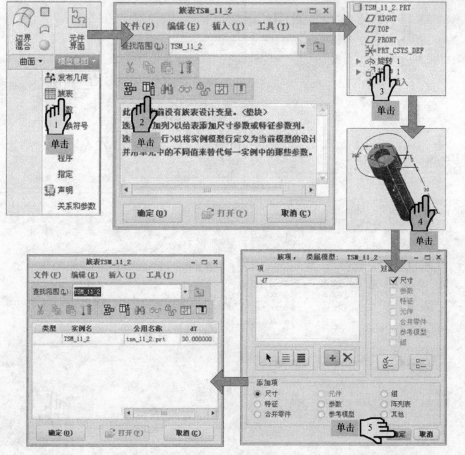

图 1-7-17　选取族项目

（2）插入新的实例（见图 1-7-18）

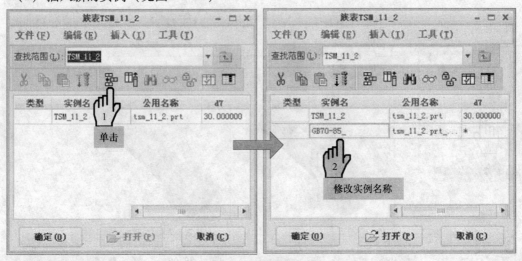

图 1-7-18　插入新的实例

（3）按增量复制实例（见图 1-7-19）

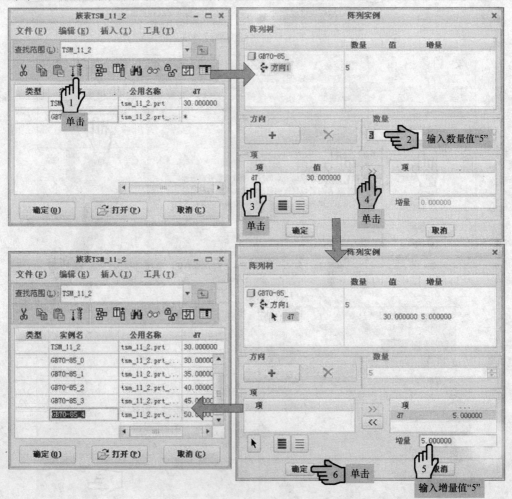

图 1-7-19　按增量复制实例

（4）修改实例名称（见图1-7-20）

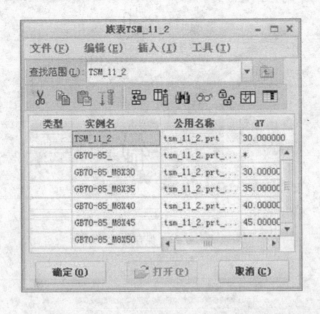

图1-7-20　修改实例名称

（5）校验实例（见图1-7-21）

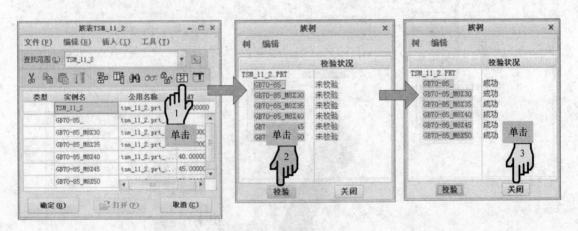

图1-7-21　校验实例

（6）保存族表（见图1-7-21）　单击"族表 TSM＿11＿2"窗口中的"确定"按钮，保存族表。

8. 保存文件

保存文件如图1-7-22所示。

9. 打开族表零件

打开族表零件如图1-7-23所示。

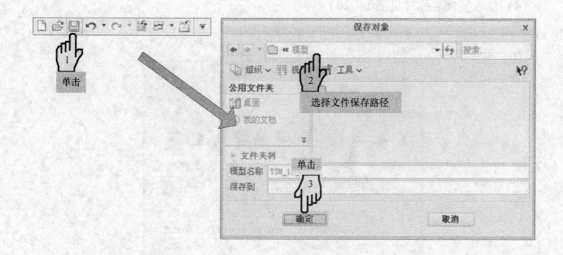

图 1-7-22　保存文件

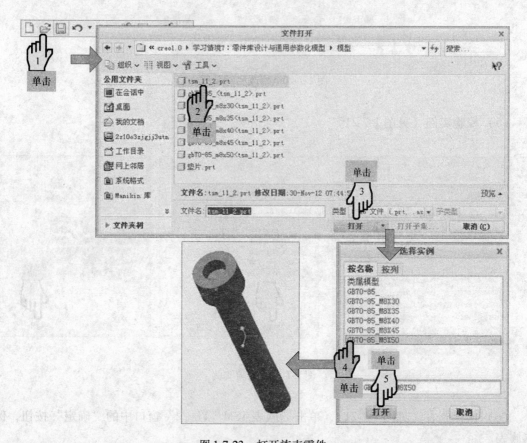

图 1-7-23　打开族表零件

习　　题

1. 完成图 1-7-24 所示零件族表的创建。

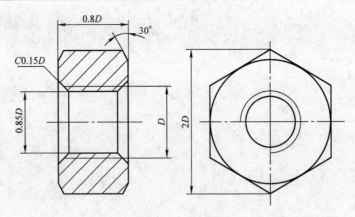

图 1-7-24 题 1 图

2. 完成图 1-7-25 所示零件族表的创建。

3. 完成图 1-7-26 所示零件族表的创建。

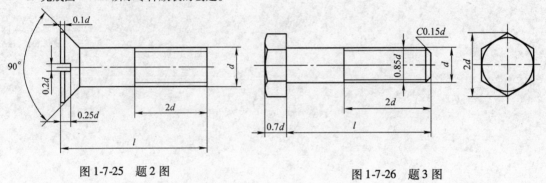

图 1-7-25 题 2 图　　　　　　　　　　图 1-7-26 题 3 图

4. 完成图 1-7-27 所示开口垫圈的绘制。

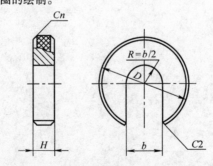

(单位：mm)

规格(螺纹大径)	b	n	D	H
5	6	0.5	16	4
6	8	0.5	16	4
8	10	0.8	16	4
10	12	1	16	4
12	14	1	16	4

图 1-7-27 题 4 图

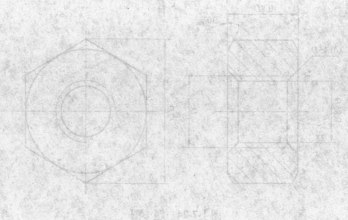

学习领域二　典型夹具装配设计

　　装配是机械设计中的一项重要内容。各个零部件按照一定的约束关系或者联系关系依次装配起来，便构成了一个完整的产品造型。

　　本学习领域以典型夹具为例，对机械装配及分析的相关实用知识进行讲解，具体涉及装配约束、连接装配、机构分析和动画回放等内容。

学习情境1　台虎钳设计

任务工单

学习情境	学习情境1　台虎钳设计				
姓名		学号		班级	
任务目标	知识目标：零件建模命令的综合应用 　　　　　掌握装配命令 　　　　　掌握爆炸图、视图管理、检查分析等操作 能力目标：能够进行零部件的装配 　　　　　能够对装配体进行相关的操作 素质目标：具有问题分析能力、自我学习能力及创新能力				

任务描述	任务1	任务2	任务3
	Creo1.0软件组件功能、装配方法		

学习总结	

考核方法	项目	分值比例	分　数		
			任务1	任务2	任务3
	项目计划决策	10%			
	项目实施检查	50%			
	项目评估讨论	10%			
	职业素养	20%			
	学生互评	10%			
	总分	100%			

指导教师评语	

任务1 Creo 1.0 软件组件功能介绍

一、装配思路介绍

在组件装配中，主要包括由底向上和由顶向下两种装配设计思路。

由底向上：由单个模型，根据虚拟产品的装配关系进行装配，最终完成虚拟产品的设计。这种设计方法是一种比较简单、低级的方法，其设计思路比较清楚，设计原理也容易接受。但其设计理念还不够先进，设计方法不够灵活，还不能完全适应现代设计的基本要求。这种方法主要应用于一些比较成熟产品的设计过程，可以获得比较高的设计效率。

由顶向下的装配设计与由底向上的设计方法正好相反。设计时，首先从整体上勾画出产品的整体结构关系或创建装配体的二维部件布局关系图，然后再根据这些关系或布局逐一设计出产品的零件模型。

在真正的概念设计中，往往都是先设计出整个产品的外在概念和功能概念后，再逐步对产品进行设计、细化，得到单个零件。

在实际的装配过程中，通常会混合使用以上两种设计方法，以发挥各自的优点。

二、装配功能介绍

在装配模块中，可以将生成的零件通过相互关系之间的装配约束装配在一起，并检查零件之间是否有干涉及装配体的运动情况是否合乎设计要求。

三、基本装配约束

在 Creo1.0 装配环境中，通过定义装配约束，可以指定一个元件相对于装配体（组件）中其他元件（或特征）的放置方式和位置。一个元件通过装配约束添加到装配体中后，它的位置会随着与其有约束关系的元件的改变而相应地改变，而且约束设置值作为参数可随时修改，并可与其他参数建立关系方程，整个装配体实际上是一个参数化的装配体。

1. "距离"约束

使用"距离"约束可定义两个装配元件中的点、线和平面之间的距离值。约束对象可以是元件中的平整表面、边线、顶点、基准点、基准平面和基准轴，所选对象可不必是同一种类型，如定义一条直线与一个平面之间的距离。当约束对象是两平面时，两平面平行；当约束对象是两直线时，两直线平行；当约束对象是一直线与一平面时，直线与平面平行。当距离值为 0 时，所选对象将重合、共线或共面。"距离"约束实例如图 2-1-1 所示。

2. "角度偏移"约束

用"角度偏移"约束可以定义两个装配元件中的平面之间的角度，也可以约束线与线、线与面之间的角度。该约束通常需要与其他约束配合使用，才能准确地定位角度。"角度偏移"约束实例如图 2-1-2 所示。

3. "平行"约束

用"平行"约束可以定义两个装配元件的平面平行，也可以约束线与线及线与面平行。"平行"约束实例如图 2-1-3 所示。

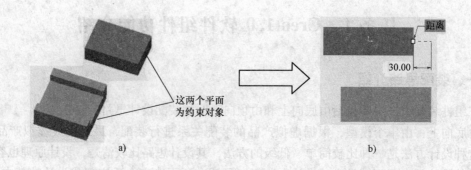

图 2-1-1　"距离"约束实例
a）约束前　b）约束后

图 2-1-2　"角度偏移"约束实例
a）约束前　b）约束后

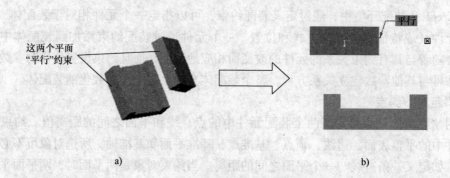

图 2-1-3　"平行"约束实例
a）约束前　b）约束后

4. "重合"约束

"重合"约束是装配中应用最多的一种约束，该约束可以定义两个装配元件中的点、线和面重合，约束的对象可以是实体的顶点、边线和平面，可以是基准特征，也可以是具有中心轴线的旋转面。

下面根据约束对象的不同，列出几种常见的"重合"约束的应用情况。

（1）"面与面"重合　用"面与面"约束可使装配体中的两个平面重合并且朝向相同的方向，如图 2-1-4 所示。

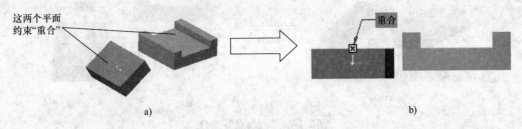

图 2-1-4 "面与面"重合
a) 约束前 b) 约束后

(2)"线与线"重合 当约束对象是直线或基准轴时，直线或基准轴相重合，如图 2-1-5 所示。

图 2-1-5 "线与线"重合
a) 约束前 b) 约束后

(3)"线与点"重合 用"线与点"重合可将一条线与一个点重合，如图 2-1-6 所示。"线"可以是零件或装配件上的边线、轴线或基准曲线；"点"可以是顶点或基准点。

图 2-1-6 "线与点"重合
a) 约束前 b) 约束后

(4)"面与点"重合 用"面与点"重合可使一个曲面和一个点重合，如图 2-1-7 所示。"曲面"可以是零件或装配件上的基准平面、曲面特征或零件的表面；"点"可以是零件或装配件上的顶点或基准点。

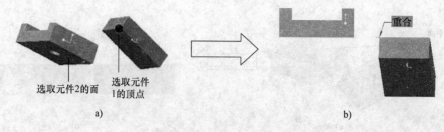

图 2-1-7　"面与点"重合
a) 约束前　b) 约束后

（5）"线与面"重合　用"线与面"重合可将一个曲面与一条边线重合，如图 2-1-8 所示。"曲面"可以是零件或装配件中的基准平面、表面或曲面面组；"边线"为零件或装配件上的边线。

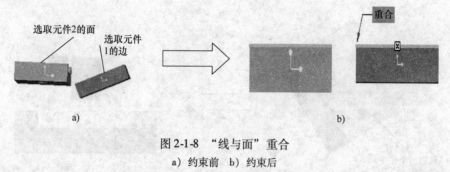

图 2-1-8　"线与面"重合
a) 约束前　b) 约束后

（6）"坐标系"重合　用"坐标系"重合可将两个元件的坐标系重合，或者将元件的坐标系与装配件的坐标系重合，即一个坐标系中的 X 轴、Y 轴和 Z 轴与另一个坐标系中的 X 轴、Y 轴和 Z 轴分别重合。

5. "法向"约束

"法向"约束可以定义两元件中的直线或平面垂直，如图 2-1-9 所示。

图 2-1-9　"法向"约束
a) 约束前　b) 约束后

6. "共面"约束

"共面"约束可以使两元件中的两条直线或基准轴处于同一平面，如图 2-1-10 所示。

7. "居中"约束

用"居中"约束可以控制两坐标系的原点相重合,但各坐标轴不重合,因此两零件可以绕重合的原点进行旋转,如图 2-1-11 所示。当选择两柱面居中时,两柱面的中心轴将重合。

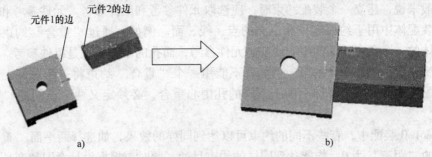

图 2-1-10　"共面"约束

a) 约束前　b) 约束后

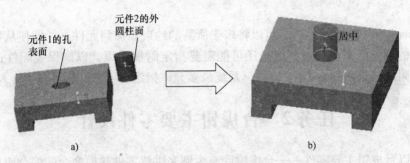

图 2-1-11　"居中"约束

a) 约束前　b) 约束后

8. "相切"约束

用"相切"约束可控制两个曲面相切,如图 2-1-12 所示。

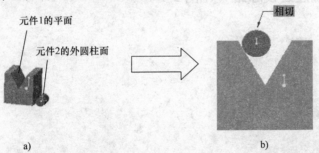

图 2-1-12　"相切"约束

a) 约束前　b) 约束后

9. "固定"约束

"固定"约束也是一种装配约束形式,可以用该约束将元件固定在图形区的当前位置。当向装配环境中引入第一个元件时,也可对该元件实施这种约束形式。

10. "默认"约束

"默认"约束也称为缺省约束,可用该约束将元件上的默认坐标系与装配环境的默认坐标系重合。当向装配环境中引入第一个元件时,常常对该元件实施这种约束形式。

【小知识】

● 一般来说，建立一个装配约束时，应选取元件参考和组件参考。元件参考和组件参考是元件和装配体中用于约束定位和定向的点、线、面。例如，通过"重合"约束将一根轴放入装配体的一个孔中，轴的中心线就是元件参考，而孔的中心线就是组件参考。

● 系统一次只添加一个约束。例如，不能用一个"重合"约束将一个零件上两个不同的孔与装配体中的另一个零件上两个不同的孔中心重合，必须定义两个不同的"重合"约束。

● Creo1.0 装配中，有些不同的约束可以达到同样的效果，如选择两平面"重合"与定义两平面的"距离"为0，均能达到同样的约束目的，此时应根据设计意图和产品的实际安装位置选择合理的约束。

● 要对一个元件在装配体中完整地指定放置和定向（即完整约束），往往需要数个装配约束。

● 在 Creo1.0 中装配元件时，可以将多于所需的约束添加到元件上。即使从数学的角度来说，元件的位置已完全约束，但是还可能需要指定附加约束，以确保装配件达到设计意图。建议将附加约束限制在 10 个以内，系统最多允许指定 50 个约束。

任务 2　台虎钳主要零件设计

任务 2 以台虎钳主要零件——台虎钳底座为例来讲解零件建模命令的综合应用。

一、台虎钳底座分析

台虎钳底座主要是由基本形体构成的，所以主要利用拉伸和孔的命令来进行建模。

二、台虎钳底座建模思路（见图 2-1-13）

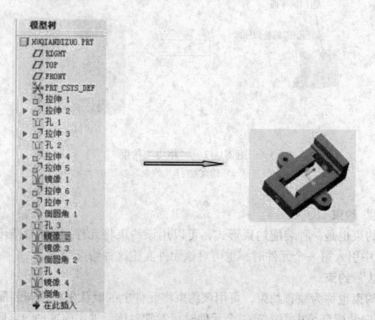

图 2-1-13　台虎钳底座建模思路

三、台虎钳底座的建模过程

1. 工作目录的设置

工作目录的设置如图 2-1-14 所示。

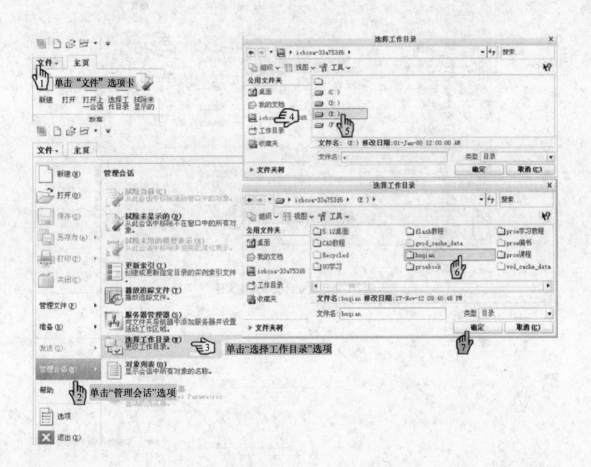

图 2-1-14　工作目录的设置

2. 建立台虎钳底座文件

建立台虎钳底座文件如图 2-1-15 所示。

3. 台虎钳底座基本体的建模

（1）绘制拉伸草图（见图 2-1-16）

（2）拉伸成实体（见图 2-1-17）

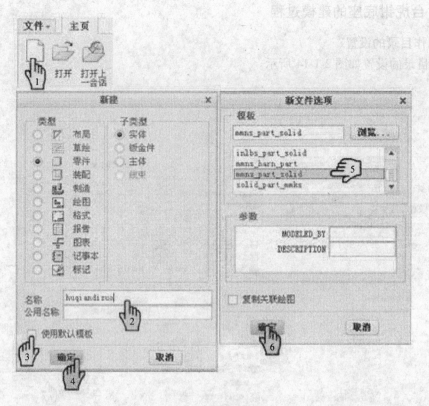

图 2-1-15　建立台虎钳底座文件

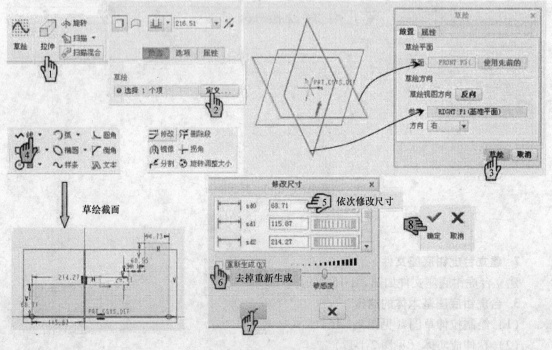

图 2-1-16　建立台虎钳拉伸草图

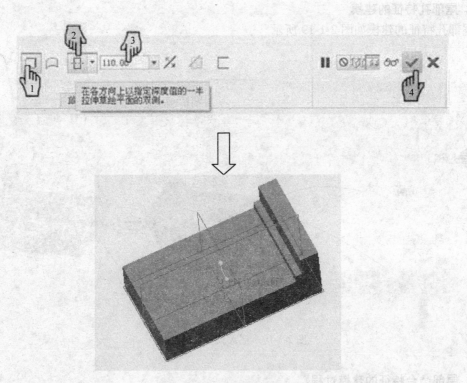

图 2-1-17　台虎钳拉伸成实体

4. 台虎钳底座中间槽的建模

台虎钳底座中间槽的建模如图 2-1-18 所示。

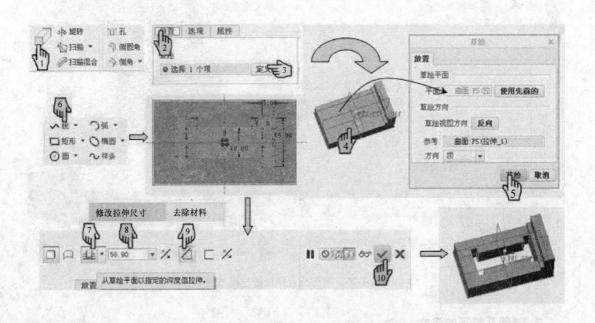

图 2-1-18　台虎钳底座中间槽的建模

5. 尾部孔特征的建模

尾部孔特征的建模如图 2-1-19 所示。

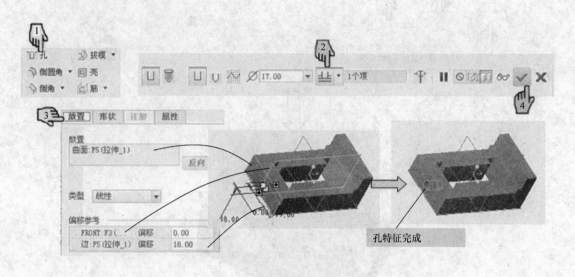

图 2-1-19　尾部孔特征的建模

6. 尾部凸台特征的建模过程

尾部凸台特征的建模过程如图 2-1-20 所示。

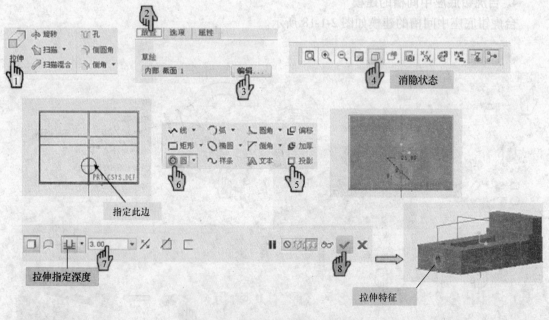

图 2-1-20　尾部凸台特征的建模过程

7. 端部孔特征的建立

端部孔特征的建立过程与尾部孔特征的建立过程类似，如图 2-1-21 所示。

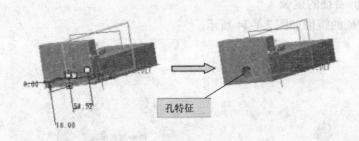

图 2-1-21　端部孔特征的建立

8. 端部凸台特征的建立

端部凸台特征的建立过程与尾部孔特征的建立过程类似，如图 2-1-22 所示。

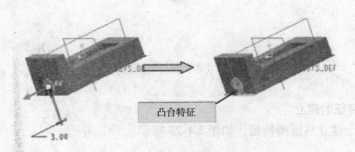

图 2-1-22　端部凸台特征的建立

9. 台虎钳底座底面拉伸特征的建立

台虎钳底座底面拉伸特征的建立如图 2-1-23 所示。

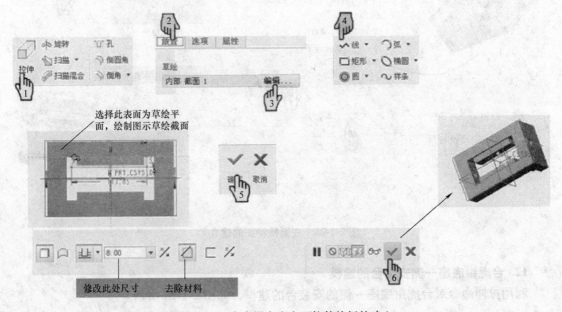

图 2-1-23　台虎钳底座底面拉伸特征的建立

10. 底面拉伸特征的镜像

底面拉伸特征的镜像如图 2-1-24 所示。

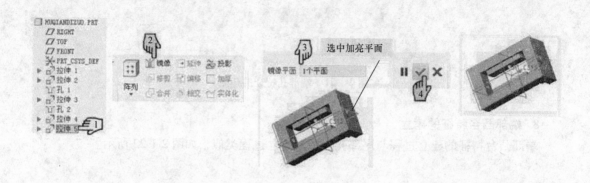

图 2-1-24　底面拉伸特征的镜像

11. 底面槽特征的建立

利用拉伸命令建立底面槽特征，如图 2-1-25 所示。

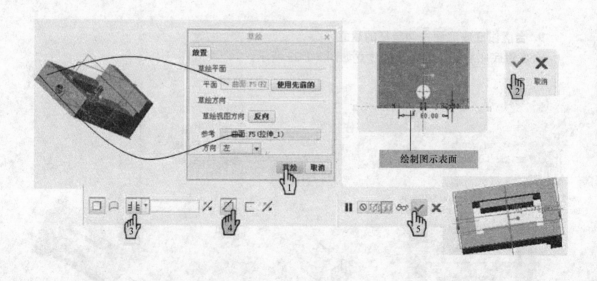

图 2-1-25　底面槽特征的建立

12. 台虎钳底座一侧安装台的建模

利用拉伸命令对台虎钳底座一侧的安装台的建模，如图 2-1-26 所示。

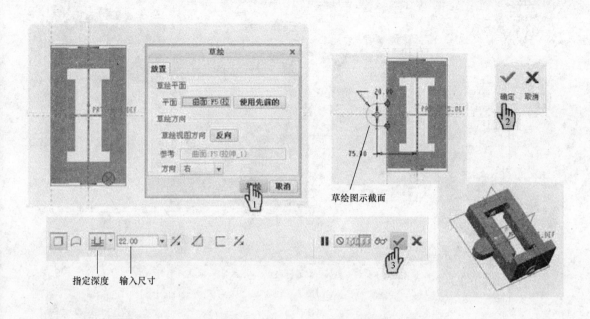

图 2-1-26　台虎钳底座一侧安装台的建模

13. 台虎钳底座一侧安装台倒圆角

台虎钳底座一侧安装台倒圆角如图 2-1-27 所示。

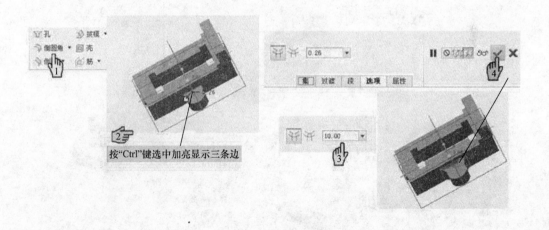

图 2-1-27　台虎钳底座一侧安装台倒圆角

14. 台虎钳底座一侧安装台和孔特征的建立

台虎钳底座一侧安装台和孔特征的建立如图 2-1-28 所示。

15. 台虎钳底座另一侧安装台和孔特征的建立

利用镜像命令建立另一侧安装台和孔特征，如图 2-1-29 所示。

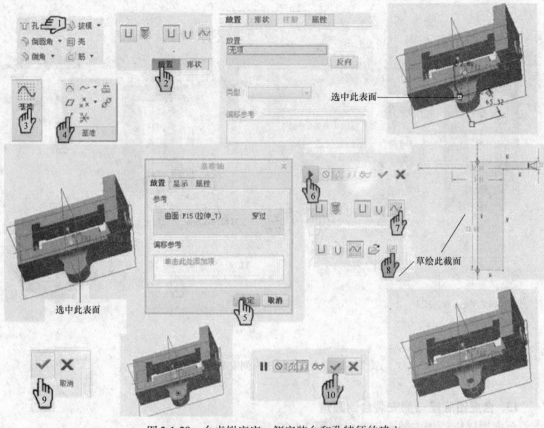

图 2-1-28　台虎钳底座一侧安装台和孔特征的建立

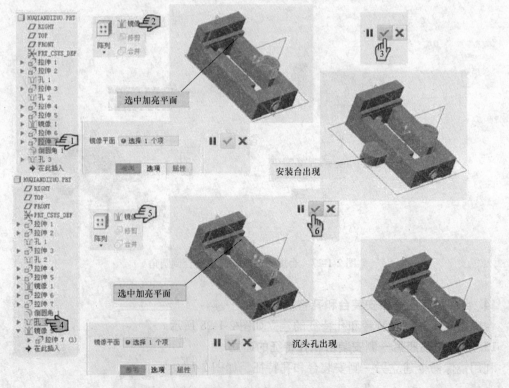

图 2-1-29　台虎钳底座另一侧安装台和孔特征的建立

16. 台虎钳底座另一侧安装台倒圆角

利用倒圆角命令倒另一侧安装台圆角，如图 2-1-30 所示，过程和上一个倒圆角过程一样。

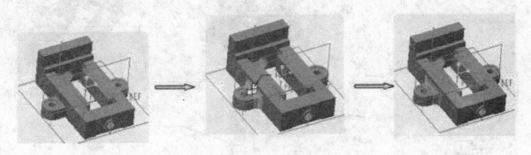

图 2-1-30　台虎钳底座另一侧安装台倒圆角

17. 螺纹孔的建立

利用孔命令建立螺纹孔，如图 2-1-31 所示。

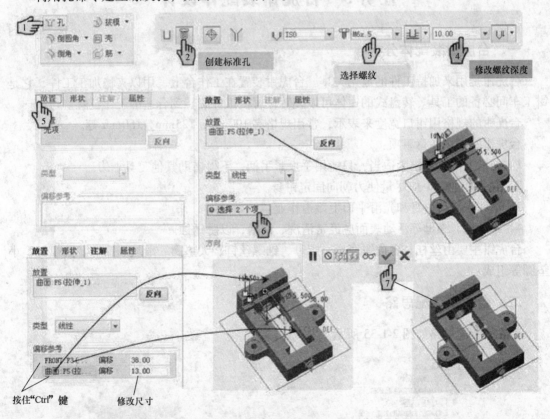

图 2-1-31　螺纹孔的建立

18. 另一侧螺纹孔的建立

利用镜像命令建立另一侧螺纹孔，如图 2-1-32 所示。

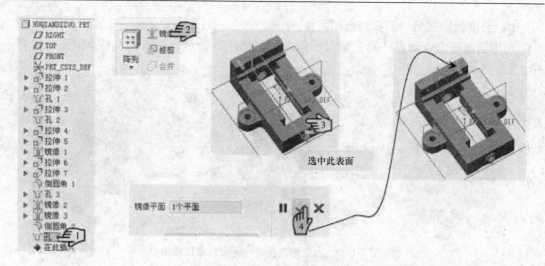

图 2-1-32　另一侧螺纹孔的建立

任务3　台虎钳装配体设计

一、台虎钳装配体分析

台虎钳是用来加持工件的通用夹具。台虎钳装置在工作台上，用以夹稳加工工件，它是钳工车间必备的工具。转盘式的钳体可以旋转，可使工件旋转到合适的工作位置。

台虎钳的规格用钳口宽度来表示，常用规格有 100mm，125mm，150mm 等。

台虎钳的使用注意事项：

1）夹紧工件时要松紧适当，只能用手扳紧手柄，不得借助其他工具加力。

2）强力作业时，应尽量使力朝向固定钳身。

3）不许在活动钳身和光滑平面上敲击作业。

4）对丝杠、螺母等活动表面应经常清洗、润滑，以防锈蚀。

台虎钳主要由丝杠、台虎钳底座、螺母、锥螺丝钉、大垫圈、滑块、钳口、圆螺钉、小垫圈等组成。

二、台虎钳装配思路

台虎钳装配思路如图 2-1-33 所示。

图 2-1-33　台虎钳装配思路

三、台虎钳的装配过程

设置好工作目录，同时把所有零件存放在工作目录文件夹下。

1. 创建台虎钳装配文件

创建台虎钳装配文件如图 2-1-34 所示。

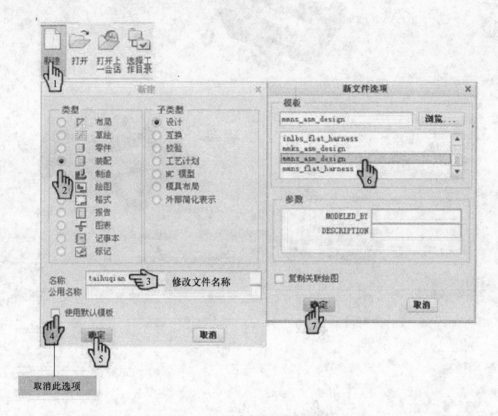

图 2-1-34　创建台虎钳装配文件

2. 台虎钳底座的引入

台虎钳底座的引入如图 2-1-35 所示。

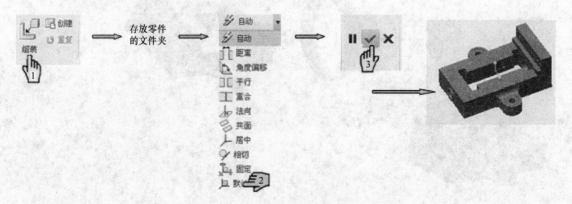

图 2-1-35　台虎钳底座的引入

3. 大垫圈的装配

大垫圈的装配如图 2-1-36 所示。

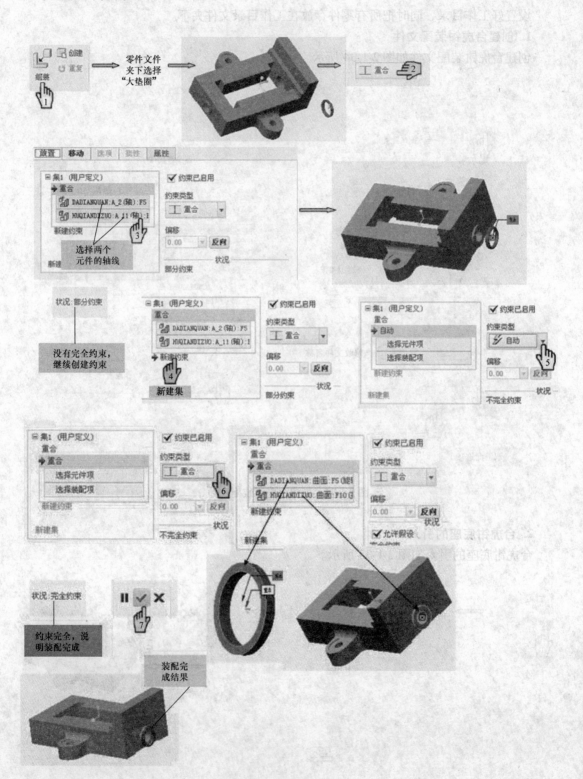

图 2-1-36　大垫圈的装配

4. 丝杠的装配

丝杠的装配如图 2-1-37 所示。

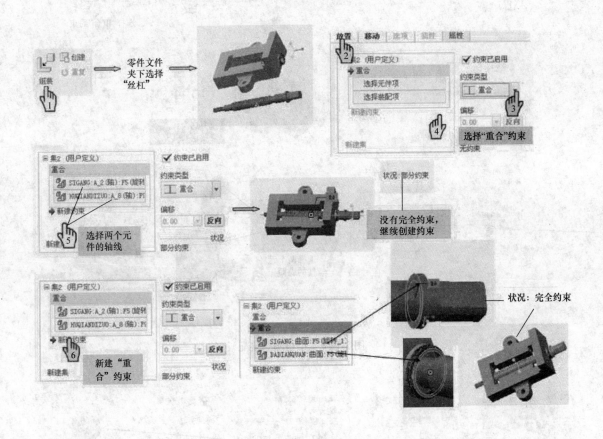

图 2-1-37　丝杠的装配

5. 小垫圈的装配

小垫圈的装配如图 2-1-38 所示。

6. 第一个螺母的装配

第一个螺母的装配如图 2-1-39 所示。

螺母的装配过程也是采用两次重合的装配约束。

7. 第二个螺母的装配

第二个螺母装配的过程与第一个螺母的装配过程类似，也是采用两次重合的约束方式，只是约束表面选取不同而已。

8. 钳口的装配

钳口的装配如图 2-1-40 所示。

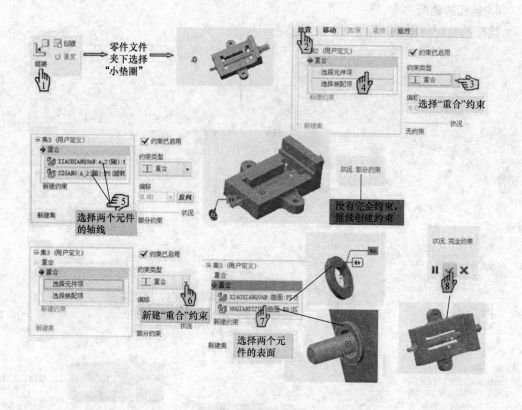

图 2-1-38　小垫圈的装配

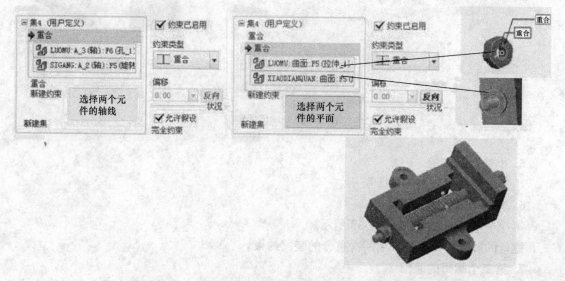

图 2-1-39　第一个螺母的装配

9. 第一个螺钉的装配

第一个螺钉的装配如图 2-1-41 所示。

螺钉的装配采用两次重合的约束方式。

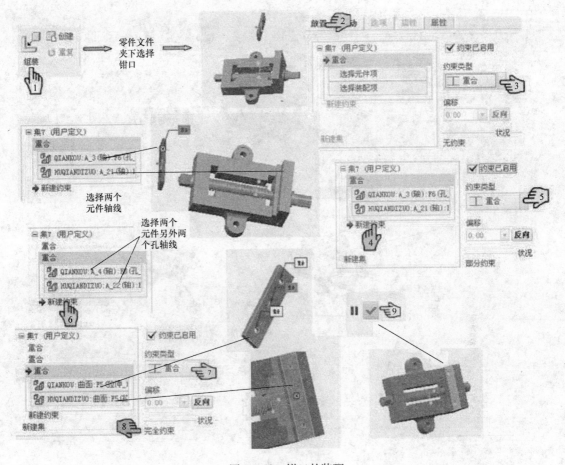

图 2-1-40　钳口的装配

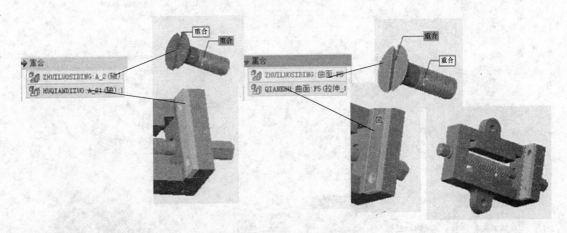

图 2-1-41　第一个螺钉的装配

10. 第二个螺钉的装配

第二个螺钉的装配如图 2-1-42 所示。

第二个螺钉的装配可以采用第一个螺钉两次重合约束的方式，也可采用阵列、复制元件的方式，下面介绍一下复制元件的装配过程，如图 2-1-42 所示。

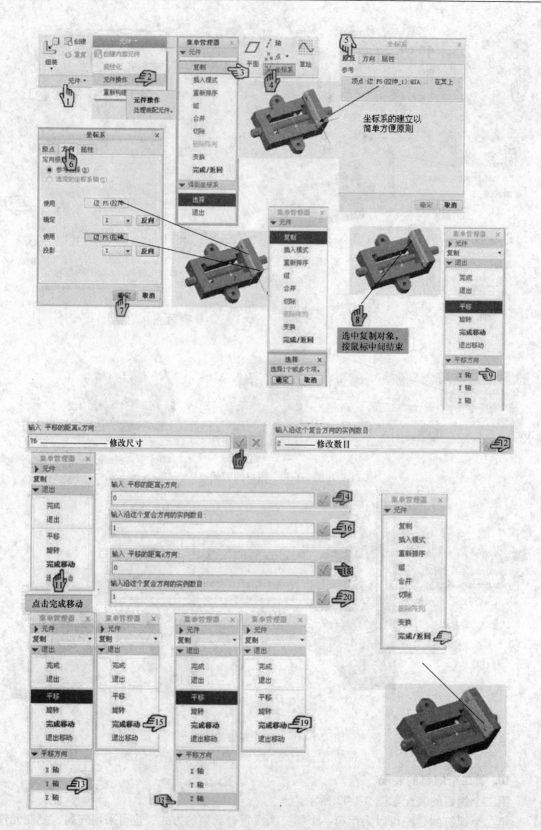

图 2-1-42　第二个螺钉的装配

11. 滑块的装配

滑块的装配如图 2-1-43 所示。

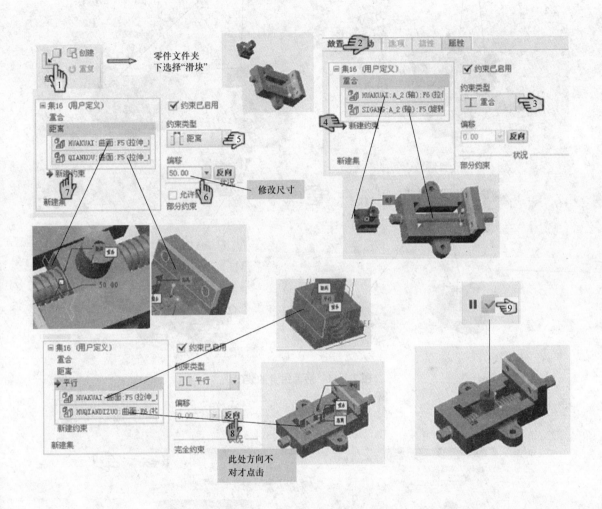

图 2-1-43　滑块的装配

12. 活动钳身的装配

活动钳身的装配如图 2-1-44 所示。

13. 圆螺钉的装配

圆螺钉的装配如图 2-1-45 所示。

剩余活动钳身钳口的装配和螺钉的装配与钳口在台虎钳底座装配过程类似，在此不再赘述。台虎钳完整装配图如图 2-1-46 所示。

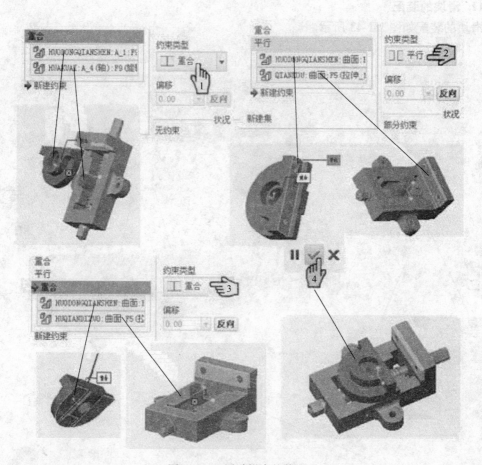

图 2-1-44　活动钳身的装配

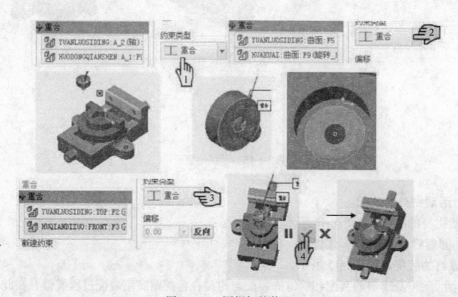

图 2-1-45　圆螺钉的装配

图 2-1-46　台虎钳装配图

习　题

1. Creo1.0 软件中，装配约束有哪几种？
2. 默认约束的含义是什么？
3. 一个元件的约束最多是多少个？

学习情境 2　车床夹具设计

任 务 工 单

学习情境	学习情境2　车床夹具设计				
姓名		学号		班级	
任务目标	知识目标：掌握零件的装配方法 　　　　　掌握装配中的阵列方法 能力目标：能够装配车床夹具 素质目标：具有问题分析能力、自我学习能力及创新能力				

任务描述	任务 1	任务 2

学习总结	

	项　目	分值比例	分　数	
			任务 1	任务 2
考核方法	项目计划决策	10%		
	项目实施检查	50%		
	项目评估讨论	10%		
	职业素养	20%		
	学生互评	10%		
	总分	100%		

指导教师评语	

任务 1 卡盘式车床夹具设计

一、卡盘式车床夹具分析

卡盘式车床夹具一般用一个以上的卡爪夹紧工件，多采用自定心机构，且多具有对称性结构，常用于以外圆（或内圆）及端面定位的回转体的加工，广泛地应用于通用车床、铣床、钻床及圆磨床上。自定心卡盘的结构如图 2-2-1 所示。

图 2-2-2 所示为单动卡盘，卡盘的 4 个爪通过 4 个螺杆独立移动。它的特点是能装夹形状比较复杂的非回转体如方形、长方形等，而且夹紧力大。由于其装夹后不能自动定心，所以装夹效率较低，装夹时必须用划线盘或百分表找正，使工件回转中心与车床主轴中心对齐。

图 2-2-1 自定心卡盘

图 2-2-2 单动卡盘

二、卡盘式车床夹具装配思路

本任务以单动卡盘的创建过程为例进行讲解，装配思路如图 2-2-3 所示。

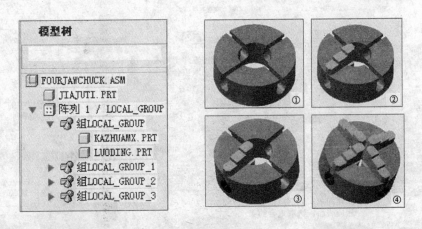

图 2-2-3 单动卡盘装配思路

三、卡盘式车床夹具装配过程

（1）新建装配文件

（2）夹具体与卡爪的装配过程（见图 2-2-4）

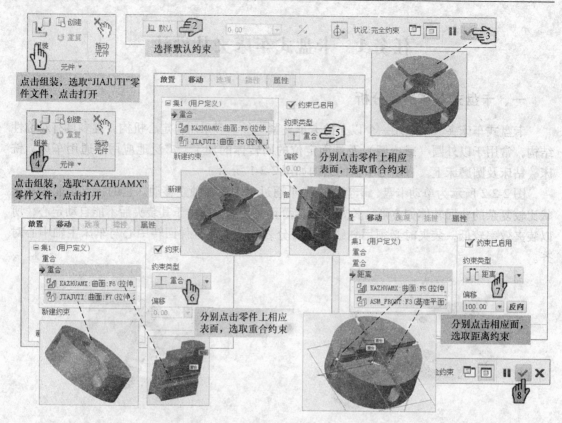

图 2-2-4　夹具体与卡爪的装配过程

（3）螺钉的装配与阵列（见图 2-2-5）。

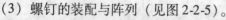

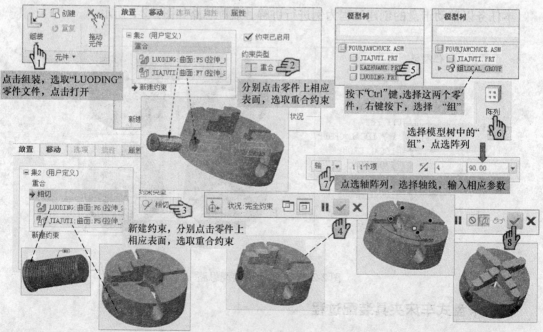

图 2-2-5　螺钉的装配与阵列

（4）保存装配体文件

任务2　角铁式车床夹具设计

一、角铁式车床夹具分析

夹具体呈角铁状的车床夹具称之为角铁式车床夹具，其结构不对称，用于加工壳体、支座、杠杆、接头等零件上的回转面和端面，如图 2-2-6 所示。

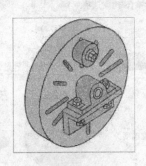

图 2-2-6　角铁式车床夹具

二、角铁式车床夹具装配思路

角铁式车床夹具装配思路如图 2-2-7 所示。

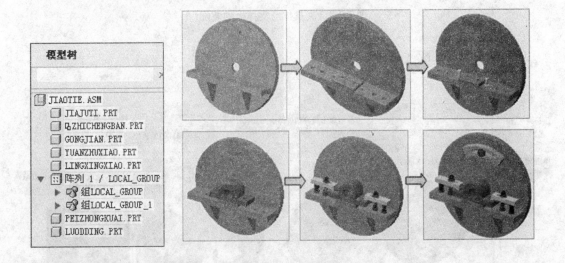

图 2-2-7　角铁式车床夹具装配思路

三、角铁式车床夹具装配过程

（1）新建装配文件

（2）夹具体与支撑板的装配（见图 2-2-8）

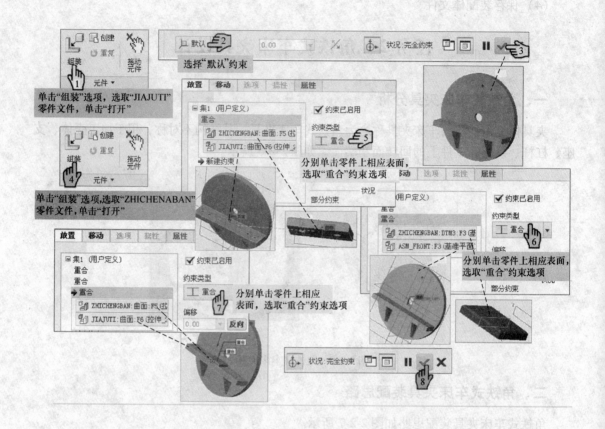

图 2-2-8　夹具体与支撑板的装配

（3）定位销的装配（见图 2-2-9）

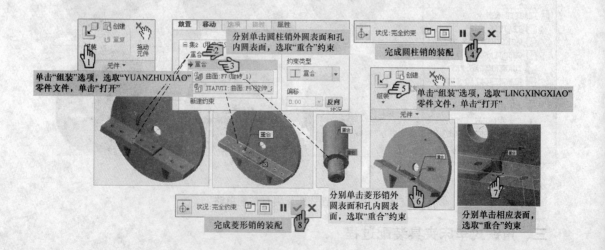

图 2-2-9　定位销的装配

（4）工件的装配（见图2-2-10）

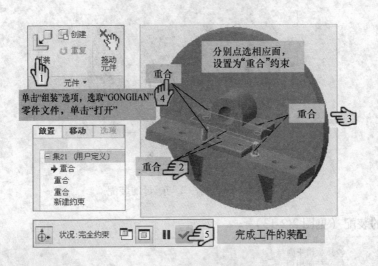

图2-2-10　工件的装配

（5）夹紧装置的装配　夹紧装置包括有立柱、压板、弹簧、螺母、垫片等零件，装配过程如下：

1）立柱1的装配（见图2-2-11）。

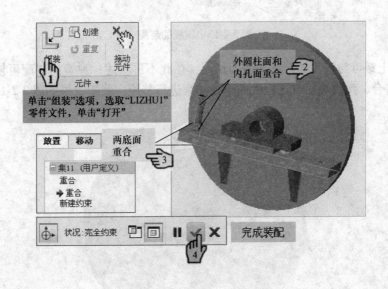

图2-2-11　立柱1的装配

2）立柱2与螺母的装配。立柱2装配过程与螺母的装配过程与立柱1的装配类似，这里不再叙述，装配结果如图2-2-12所示。

图 2-2-12　立柱 2 与螺母的装配

3）压板的装配（见图 2-2-13）

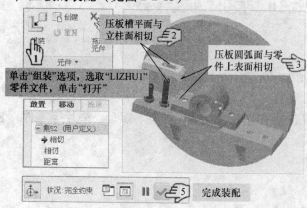

图 2-2-13　压板的装配

4）压板上螺母与垫片的装配与前面相同，在此不再叙述；弹簧的装配可使用弹簧轴线与立柱轴线重合、弹簧端面与压板底面重合约束进行装配，装配效果如图 2-2-14 所示。

图 2-2-14　夹紧机构其余零件的装配

5）夹紧机构的阵列（见图 2-2-15）。

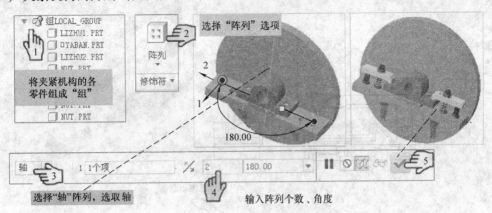

图 2-2-15 夹紧机构的阵列

（6）平衡块的装配（见图 2-2-16）

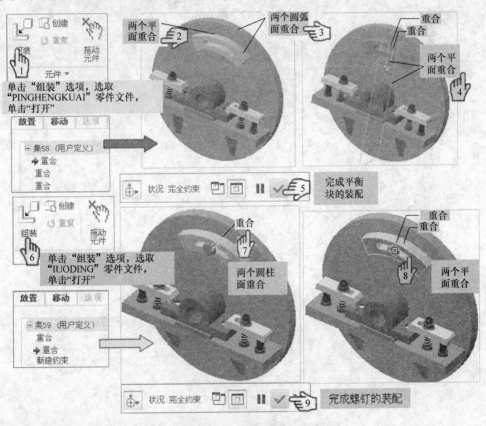

图 2-2-16 平衡块的装配

（7）保存装配文件

习   题

1. 完成如图 2-2-17 所示机构的装配。

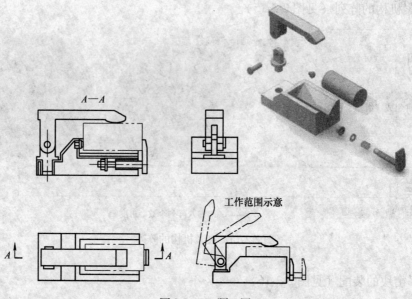

A—A

工作范围示意

图 2-2-17 题 1 图

学习情境3　钻床夹具设计

任务工单

学习情境	学习情境3　钻床夹具设计				
姓名		学号		班级	
任务目标	知识目标：掌握销钉等运动装配方法 　　　　　掌握机械运动仿真设计思路 　　　　　掌握机械运动仿真设计方法 　　　　　掌握动画设计操作步骤及应用 能力目标：能够进行机械运动仿真设计 　　　　　能够建立机械产品的拆装动画设计 素质目标：具有问题分析能力、自我学习能力及创新能力				

任务描述	任务1	任务2

学习总结	

考核方法	项　　目	分值比例	分　　数	
			任务1	任务2
	项目计划决策	10%		
	项目实施检查	50%		
	项目评估讨论	10%		
	职业素养	20%		
	学生互评	10%		
	总分	100%		

指导教师评语	

任务1　回转式钻模运动仿真设计

一、回转式钻模运动仿真设计分析

钻床夹具简称钻模，是辅助钻孔的一种工装夹具，它能引导刀具在工件上钻孔或铰孔，具有工件的定位、夹紧功能。钻床夹具还包含有根据被加工孔的位置分布而设置的钻套和钻模板，用以确定刀具的位置，并防止刀具在加工过程中倾斜，保证被加工孔的位置精度。钻套和钻模板是钻模上的特殊元件，钻套装配在钻模板或夹具体上，其作用是确定被加工孔的位置和引导刀具加工。钻模常使用在法兰、盖板、螺母、垫圈、电动机板、机座、液压阀块、轴上。使用钻模能提高钻孔效率，也可降低对工人技术的要求。

常用的钻模有固定式、回转式、移动式、盖板式和翻转式五种。

回转式钻模主要用来加工围绕一定的回转轴线（立轴、卧轴或倾斜轴）分布的轴向或径向孔系以及分布在工件几个不同表面上的孔。工件在一次装夹中，依靠钻模回转可依次加工各孔，因此，这类钻模必须有分度装置。

图 2-3-1　径向分度式回转钻模

回转式钻模按所采用的对定机构的类型，分为轴向分度式回转钻模和径向分度式回转钻模。图 2-3-1 为径向分度式回转钻模。

二、钻模运动仿真设计思路 （见图 2-3-2）

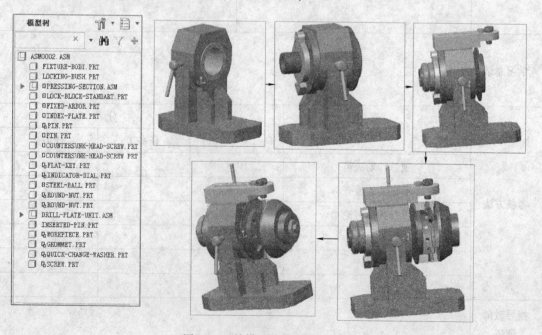

图 2-3-2　钻模运动仿真设计思路

三、钻模运动仿真设计过程

1. 建立运动模型
（1）设定工作目录（见图 2-3-3）

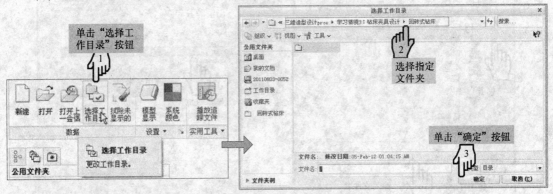

图 2-3-3　设置工作目录

【小知识】

设置 Creo Parametric 的工作目录是比较简单和实用的一种方法，特别是在是在工作量大的时候更显得它的好处，这里所说的设置工作目录的方法有两种：一种是当次生效法，另一种是永久生效法（即软件一启动就生效）。

★当次生效法：单击 Creo Parametric 选项卡中"选择工作目录"按钮，在弹出对话框中，选择工作路径即可（见图 2-3-3）。

★永久生效法：右键单击桌面上或开始菜单的 Creo Parametric 的图标或快捷方式，系统弹出"属性"对话框（见图 2-3-4），在"起始位置"的选项中填写刚才设置的工作目录，然后单击"确定"按钮，关闭 Creo Parametric，重启 Creo Parametric，这时所有设置生效。

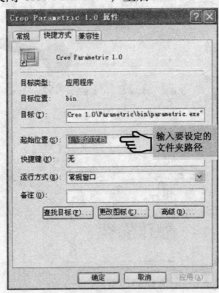

图 2-3-4　"属性"对话框

（2）锁紧部件装配

1）建立总装配文件（见图2-3-5）。

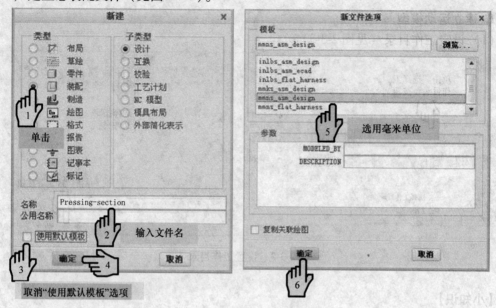

图 2-3-5　建立总装配文件

2）装配球头手柄（见图2-3-6）。

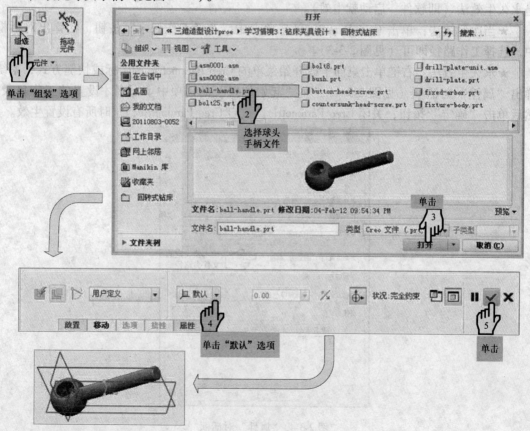

图 2-3-6　装配球头手柄

3）装配螺栓。选择装配元件如图 2-3-7 所示；设置螺栓放置约束如图 2-3-8 所示。

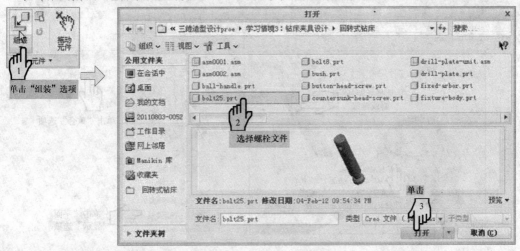

图 2-3-7 选择装配元件

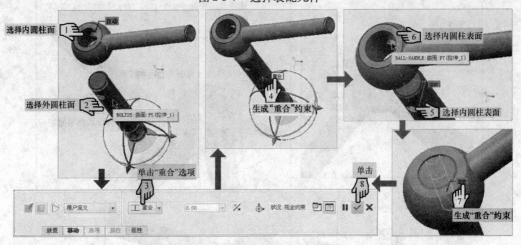

图 2-3-8 设置螺栓放置约束

4）装配销。选择装配元件如图 2-3-9 所示；设置销放置约束如图 2-3-10 所示。

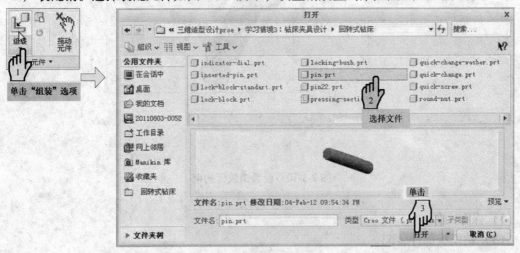

图 2-3-9 选择装配元件

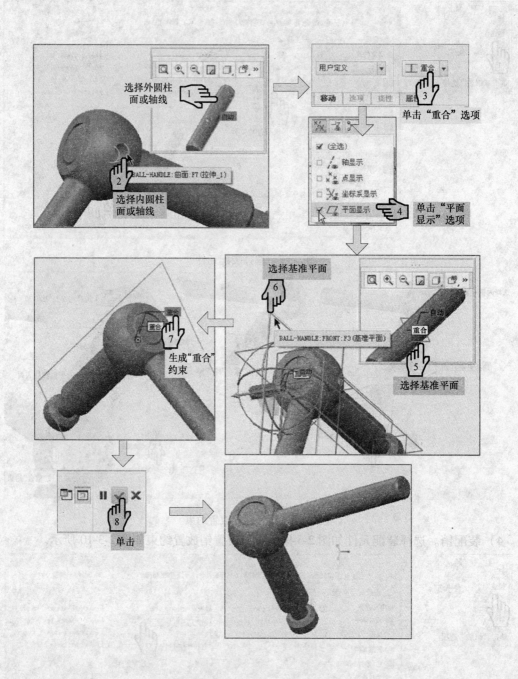

图 2-3-10　设置销放置约束

5）保存文件。

（3）钻模板部件装配

1）建立装配文件（见图 2-3-11）。

图 2-3-11　建立装配文件

2）装配钻模板（见图 2-3-12）。

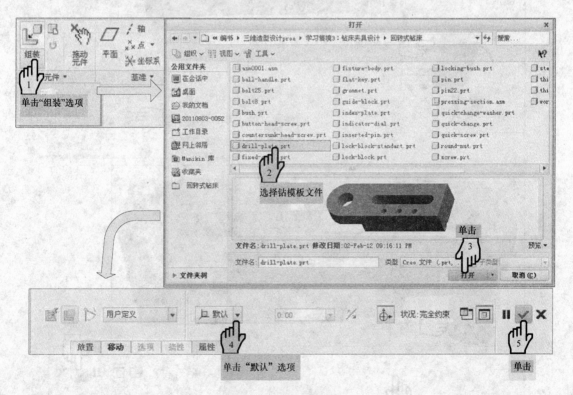

图 2-3-12　装配钻模板

3）装配衬套。选择装配元件如图 2-3-13 所示；设置衬套放置约束如图 2-3-14 所示。

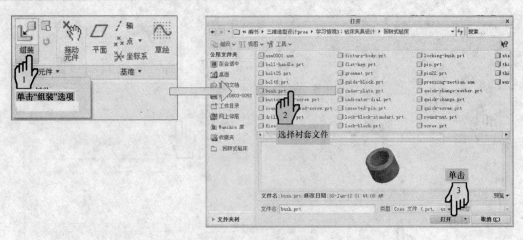

图 2-3-13 选择装配元件

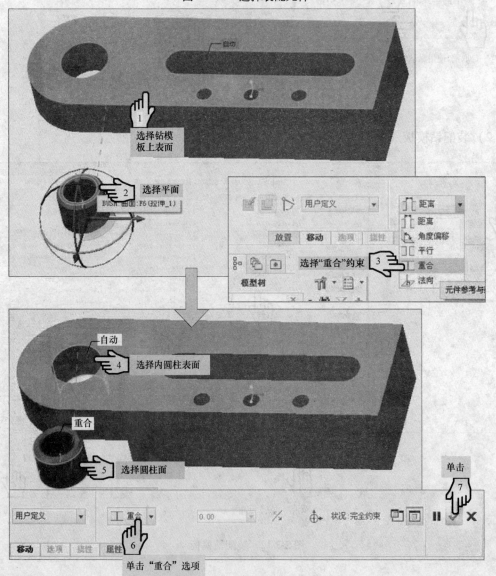

图 2-3-14 设置衬套放置约束

4）装配快换钻套。选择装配元件如图2-3-15；设置快换钻套放置约束如图2-3-16所示。

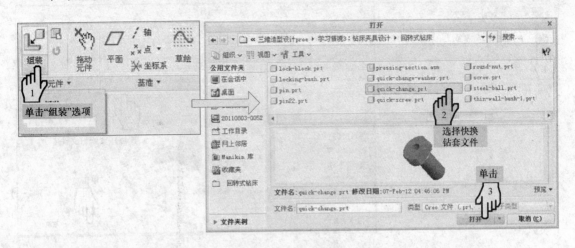

图2-3-15 选择装配元件

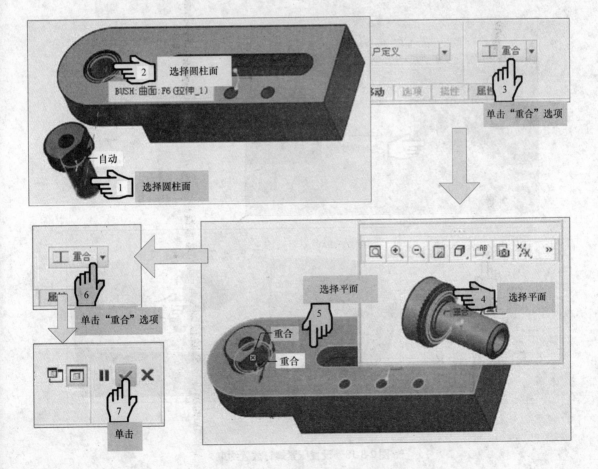

图2-3-16 设置快换钻套放置约束

5）装配压紧螺钉。选择装配元件如图2-3-17所示；设置压紧螺钉放置位置如图2-3-18所示。

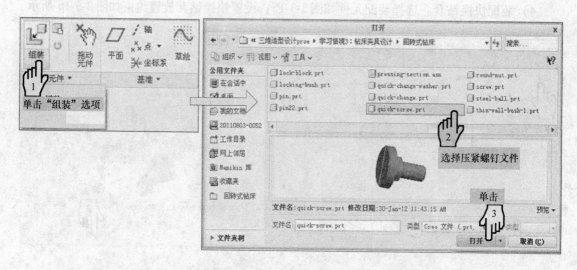

图 2-3-17　选择装配元件

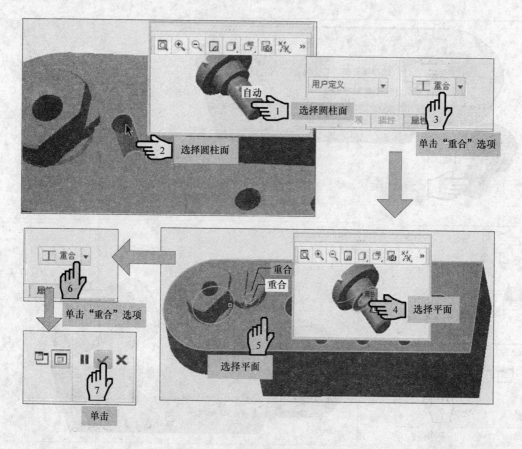

图 2-3-18　设置压紧螺钉放置约束

6）保存文件。

（4）总装配

1）建立装配文件（见图 2-3-19）。

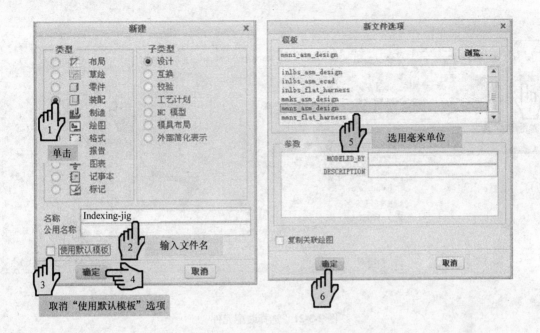

图 2-3-19 建立装配文件

2）装配夹具体（见图 2-3-20）。

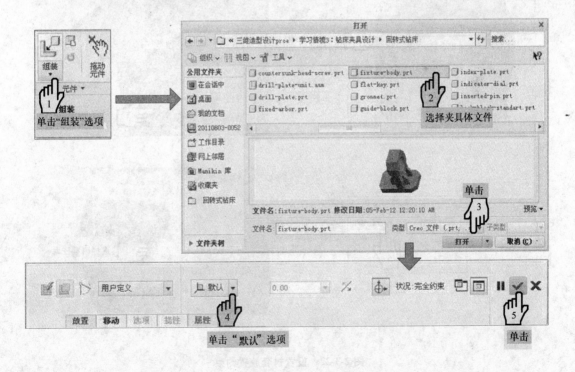

图 2-3-20 装配夹具体

3）装配衬套。选择装配元件如图 2-3-21 所示；设置衬套放置位置如图 2-3-22 所示。

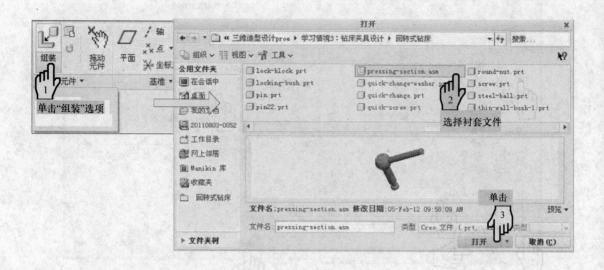

图 2-3-21　选择装配元件

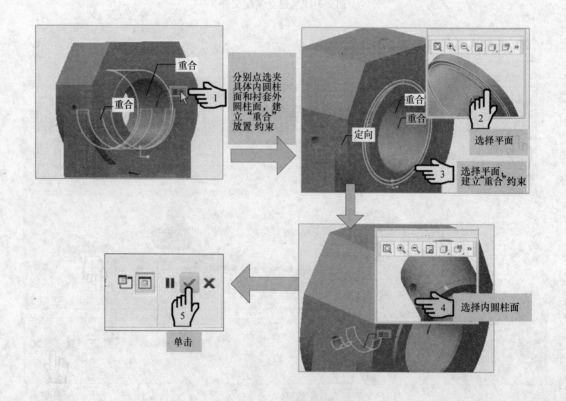

图 2-3-22　设置衬套放置约束

4）装配压紧部件。选择装配元件如图 2-3-23 所示；设置压紧部件放置约束如图 2-3-24 所示。

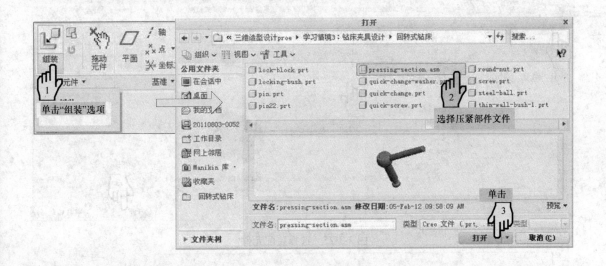

图 2-3-23　选择装配元件

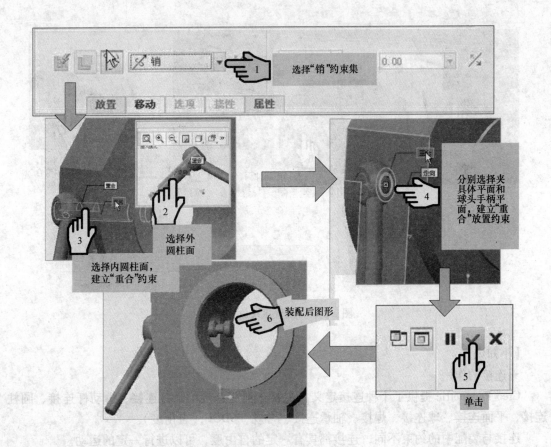

图 2-3-24　设置压紧部件放置约束

5）装配压块。选择装配元件如图 2-3-25 所示；设置压块放置位置如图 2-3-26 所示。

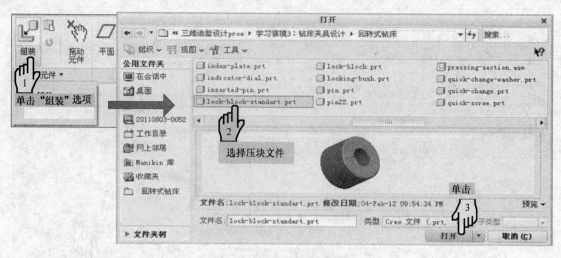

图 2-3-25　选择装配元件

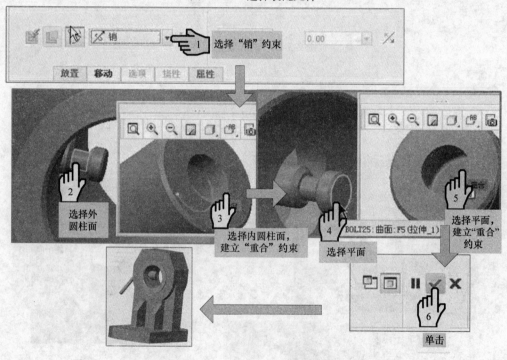

图 2-3-26　设置压块放置约束

【小知识】

★连接的作用

Creo Parametric 提供了十种连接定义，主要有刚性连接、销钉连接、滑动杆连接、圆柱连接、平面连接、球连接、焊接、轴承连接、常规、6DOF（自由度）。

连接与装配中的约束不同，连接都具有一定的自由度，可以进行一定的运动。

★连接的目的

a）定义"机械设计模块"将采用哪些放置约束，以便在模型中放置元件。

b）限制主体之间的相对运动，减少系统可能的总自由度（DOF）。

c）定义一个元件在机构中可能具有的运动类型。

●销钉连接：此连接需要定义两个轴重合、两个平面对齐、元件相对于主体旋转，具有一个旋转自由度，没有平移自由度。销钉连接示意图如图 2-3-27 所示。

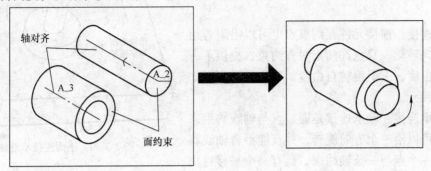

图 2-3-27　销钉连接示意图

●滑动杆连接：滑动杆连接仅有一个沿轴向的平移自由度，滑动杆连接需要一个轴对齐约束、一个平面匹配或对齐约束以限制连接元件的旋转运动。与销连接正好相反，滑动杆提供了一个平移自由度，没有旋转自由度。滑动杆连接示意图如图 2-3-28 所示。

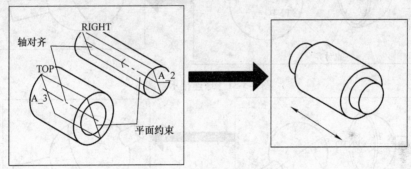

图 2-3-28　滑动杆连接示意图

●圆柱连接：

连接元件既可以绕轴线相对于附着元件转动，也可以沿着轴线相对于附着元件平移，只需要一个轴对齐约束，圆柱连接提供了一个平移自由度，一个旋转自由度。圆柱连接示意图如图 2-3-29 所示。

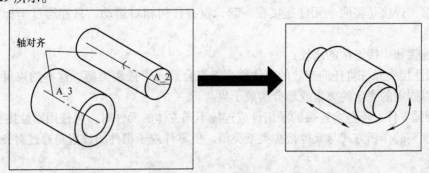

图 2-3-29　圆柱连接示意图

●平面连接：平面连接的元件既可以在一个平面内相对于附着元件移动，也可以绕着垂直于该平面的轴线相对于附着元件转动，只需要一个平面匹配约束。平面连接示意图如图 2-3-30 所示。

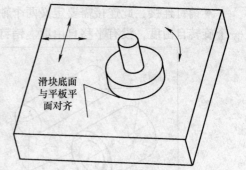

图 2-3-30　平面连接示意图

●球连接：连接元件在约束点上可以沿附着组件任何方向转动，只允许两点对齐约束，提供了一个平移自由度，三个旋转自由度。球连接示意图如图 2-3-31 所示。

●轴承连接：轴承连接是通过点与轴线约束来实现的，可以沿三个方向旋转，并且能沿着轴线移动，需要一个点与一条轴约束，具有一个平移自由度，三个旋转自由度。轴承连接示意图如图 2-3-32 所示。

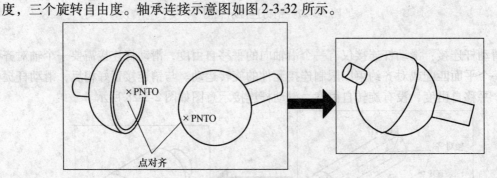

图 2-3-31　球连接示意图

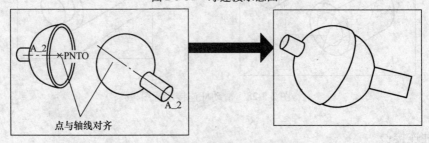

图 2-3-32　轴承连接示意图

●刚性连接：连接元件和附着元件之间没有任何相对运动，六个自由度完全被约束了。

●焊接：焊接是将两个元件连接在一起，没有任何相对运动，只能通过坐标系进行约束。

刚性连接和焊接连接的比较：

a）刚性接头允许将任何有效的组件约束组聚合到一个接头类型。这些约束可以是使装配元件得以固定的完全约束集或部分约束子集。

b）装配零件、不包含连接的子组件或连接不同主体的元件时，可使用刚性接头。

焊接接头的作用方式与其他接头类型类似。但零件或子组件的放置是通过对齐坐标系来固定的。

c）当装配包含连接的元件且同一主体需要多个连接时，可使用焊接接头。焊接连接允许根据开放的自由度调整元件以与主组件匹配。

d）如果使用刚性接头将带有"机械设计"连接的子组件装配到主组件，子组件连接将不能运动。如果使用焊接连接将带有"机械设计"连接的子组件装配到主组件，子组件将参照与主组件相同的坐标系，且其子组件的运动将始终处于活动状态。

6）修改压紧部件装配。修改设置压紧部件放置约束如图2-3-33所示。

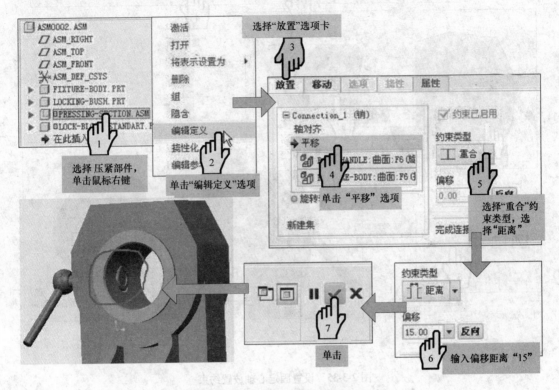

图2-3-33　修改设置压紧部件放置约束

7）装配固定心轴。选择装配元件如图2-3-34所示；设置心轴放置约束如图2-3-35所示。

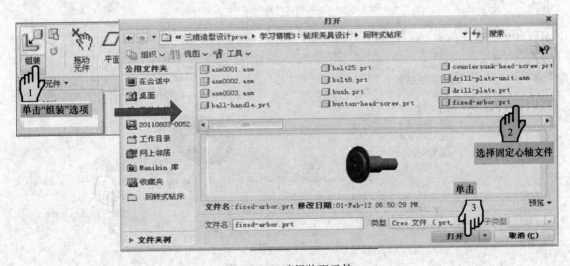

图2-3-34　选择装配元件

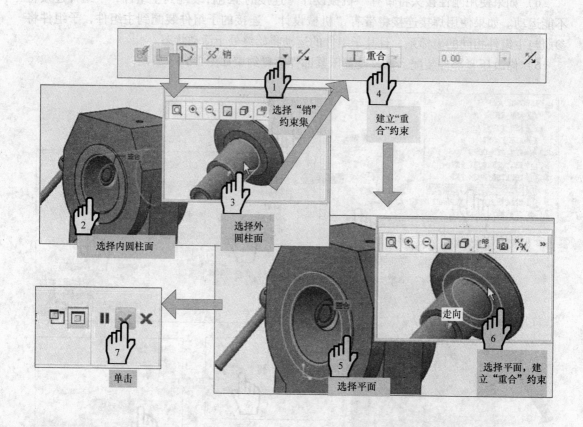

图 2-3-35　设置固定心轴放置约束

8）装配分度盘。选择装配文件如图 2-3-36 所示；设置分度盘放置约束如图 2-3-37 所示。

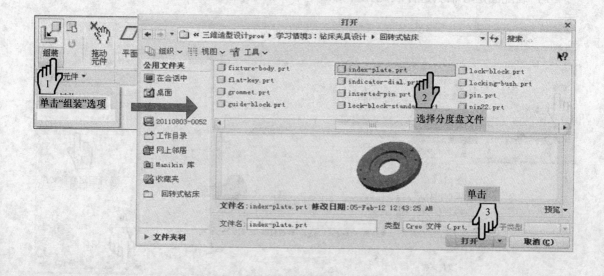

图 2-3-36　选择装配元件

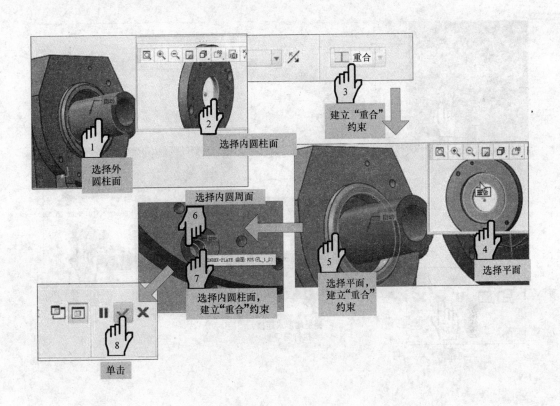

图 2-3-37　设置分度盘放置约束

9）装配销钉。选择装配元件如图 2-3-38 所示；设置销钉放置约束如图 2-3-39 所示。

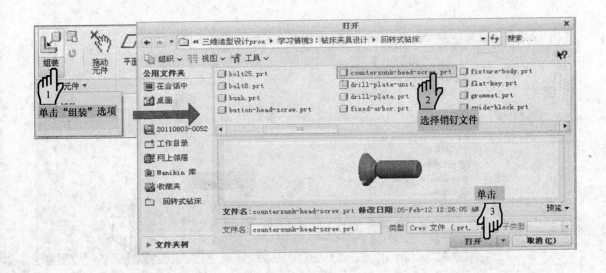

图 2-3-38　选择装配元件

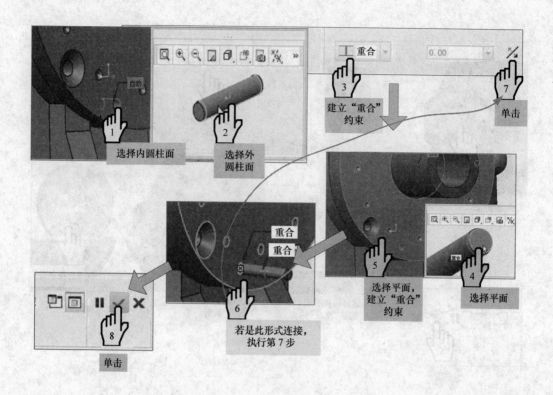

图 2-3-39　设置销钉放置约束

同理装配另一个销钉。

10）装配沉头螺钉。选择装配元件如图 2-3-40 所示；设置沉头螺钉放置约束如图 2-3-41 所示。

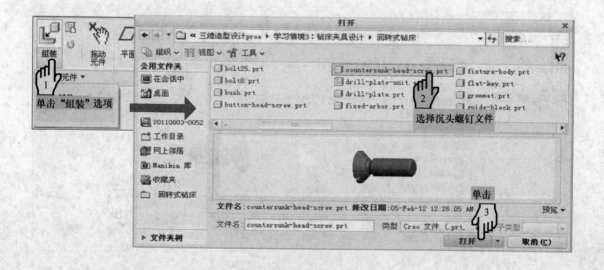

图 2-3-40　选择装配元件

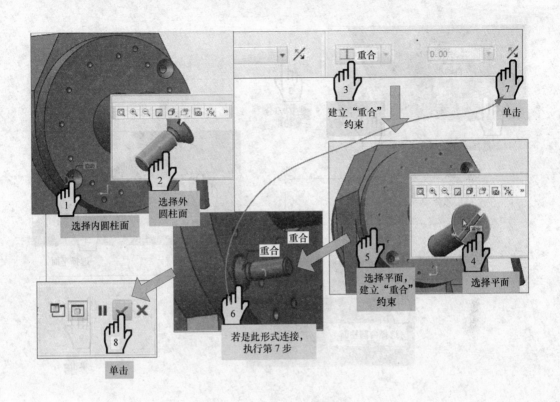

图 2-3-41 设置沉头螺钉放置约束

同理装配另一个沉头螺钉。

11）装配平键。选择装配元件如图 2-3-42 所示；设置平键放置约束如图 2-3-43 所示。

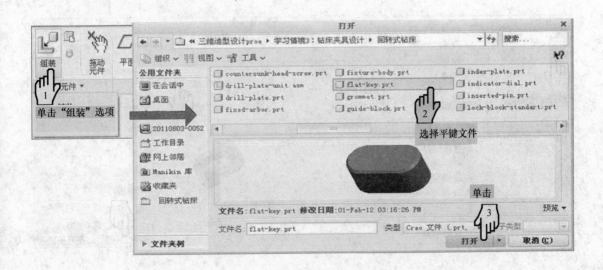

图 2-3-42 选择装配元件

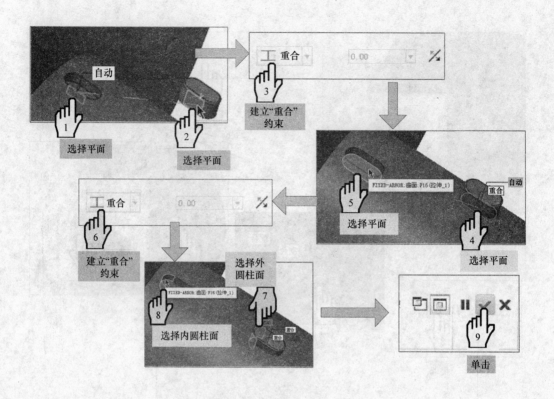

图 2-3-43　设置平键放置约束

12）装配指示盘。选择装配文件如图 2-3-44 所示；设置指示盘放置约束如图 2-3-45 所示。

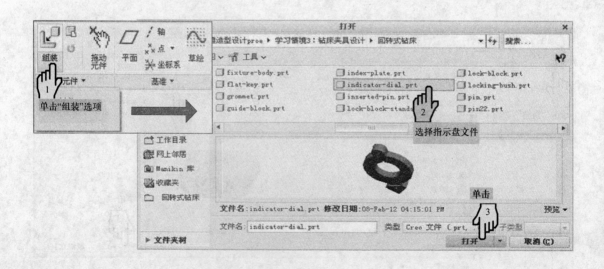

图 2-3-44　选择装配元件

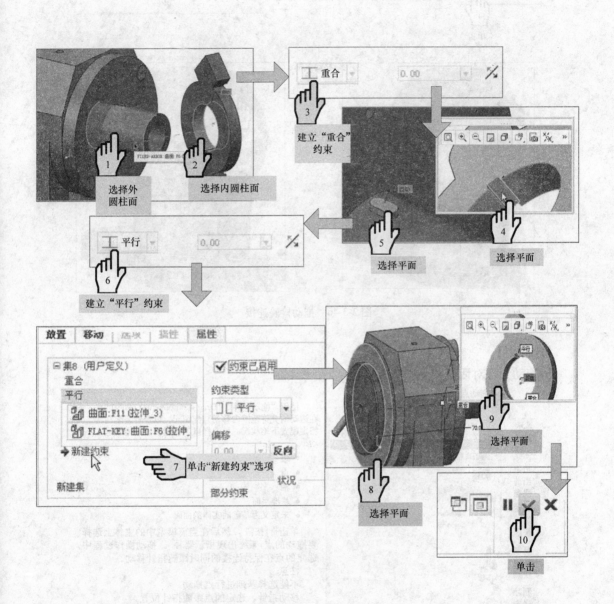

图 2-3-45 设置指示盘放置约束

【小知识】

两个相对活动件之间不能建立自定义约束，否则后面不能实现运动仿真。只有共同运动的零件之间才能建立相应的自定义约束。

13）拖动检验连接（见图2-3-46）。

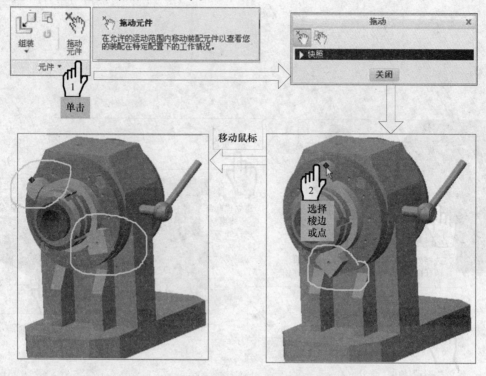

图 2-3-46　拖动检验连接

【小知识】

★拖动元件对话框（见图2-3-47）。

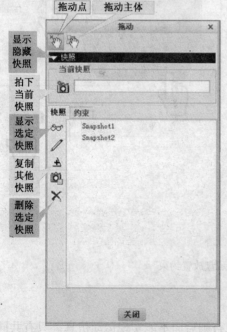

使用"拖动元件"（Drag Components）命令可在运动的允许范围内移动装配图元，以查看装配在特定配置下地状况。可选择以下图元以启动拖动运动：

- 边
- 点
- 轴
- 基准平面
- 未定义为基础的实体的曲面

单击 按钮，然后在当前模型中的主体上选择要拖动的点，系统出现指示器 。拖动操作过程中，选定的点在保持连接的同时跟随指针移动。

注意

不能选择基础进行点拖动。

移动指针，选定的点跟随指针位置。

要完成此操作，请执行下列操作之一：

- 单击以接受当前主体位置并开始拖动其他主体。
- 单击鼠标中键结束当前拖动操作（主体返回初始位置）并开始新的拖动操作。
- 单击鼠标右键结束拖动操作（主体返回初始位置）。

图 2-3-47　拖动元件对话框

14）装配圆螺母。选择装配元件如图 2-3-48 所示；设置圆螺母放置约束如图 2-3-49 所示。

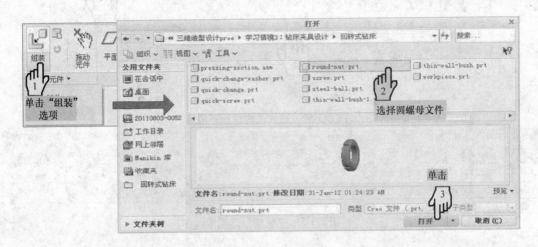

图 2-3-48 选择装配元件

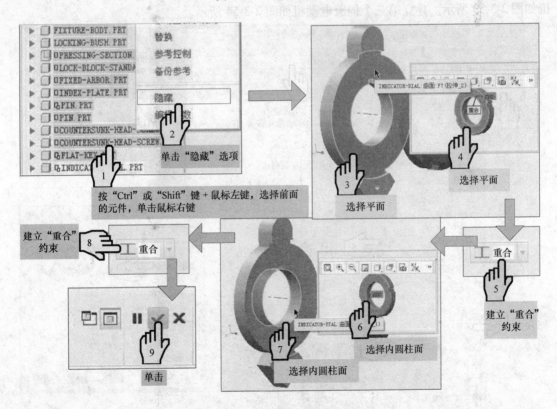

图 2-3-49 设置圆螺母放置约束

同理装配另一个圆螺母。其他部分请自行装配。

2. 运动仿真

（1）进入机构设计环境（见图 2-5-50） "机构"选项卡如图 2-3-51 所示。

图 2-3-50 进入机构设计环境

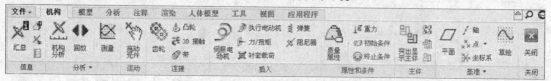

图 2-3-51 "机构"选项卡

（2）建立伺服电动机 建立第一个伺服电动机如图 2-3-52 所示；建立第二个伺服电动机如图 2-3-53 所示。建立第三个伺服电动机如图 2-3-54 所示。

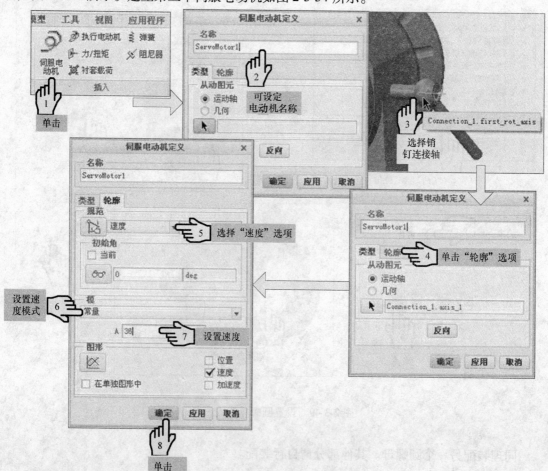

图 2-3-52 建立第一个伺服电动机

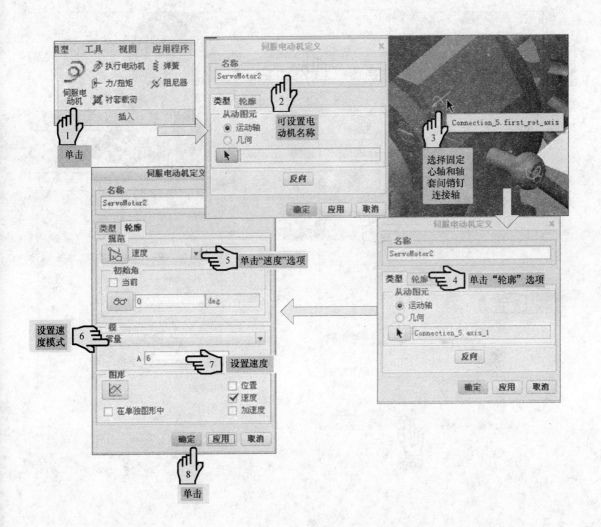

图 2-3-53　建立第二个伺服电动机

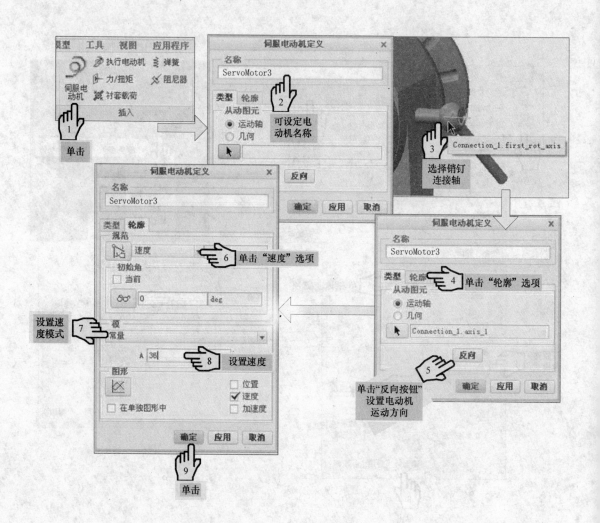

图 2-3-54　建立第三个伺服电动机

3. 运动分析

（1）设置机构运动参数（见图 2-3-55）

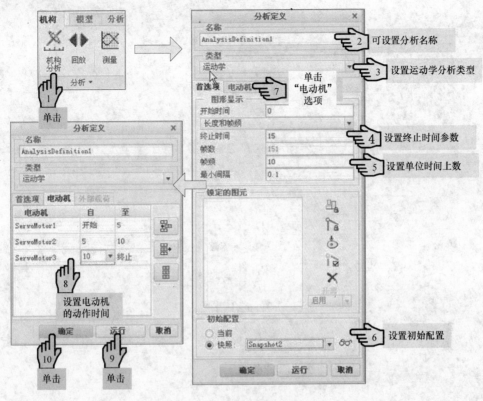

图 2-3-55　设置机构运动参数

【小知识】

★伺服电动机设置

"伺服电动机定义"对话框中的"类型"选项卡如图 2-3-56 所示，"轮廓"选项卡如图 2-3-57 所示。

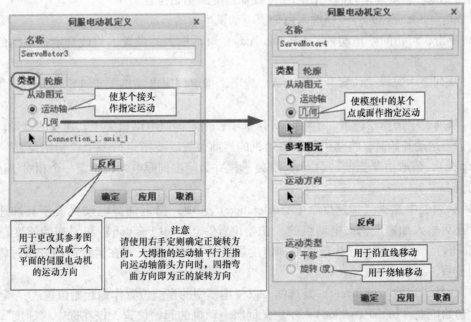

图 2-3-56　"伺服电动机定义"对话框中的"类型"选项卡

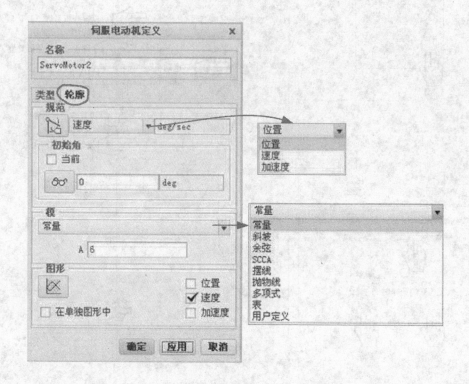

图 2-3-57 "伺服电动机定义"对话框中的"轮廓"选项卡

使用"轮廓"（Profile）选项卡可定义伺服电动机的运动，位置、速度或加速度随时间的变化而变化。当动画运行时将使用速度或加速度的初始位置。

● 规范（Specification）——输入由伺服电动机生成的运动类型：

a）单击，可访问"运动轴"（Motion Axis）对话框，并设置或修改选定运动轴的零位置。

b）从列表中选择"位置"（Position）选项，指定伺服电动机关于选定图元的位置的运动。

c）从列表中选择"速度"（Velocity）选项，指定伺服电动机关于其速度的运动。默认情况下，当运动开始时，将使用伺服电动机的当前位置。要指定另一个"初始位置"（Initial Position），请取消"当前"（Current）复选框并为速度伺服电动机指定一个相对于运动轴零点的值。

d）从列表中选择"加速度"（Acceleration）选项，指定伺服电动机关于其加速度的运动。还可输入加速度伺服电动机的"初始位置"（Initial Position）和"初始速度"（Initial Velocity）的值。如果已为速度或加速度设置了初始位置，则在运行运动分析时将使用此初始位置。

e）选择"当前"（Current）复选框，以使用模型的当前位置作为起始位置。

● 初始位置（Initial Position）——定义伺服电动机的起始位置，仅在选中"速度"（Velocity）或"加速度"（Acceleration）选项后方可使用。

● 初始速度（Initial Velocity）——定义分析开始时伺服电动机的速度，仅在选中"加速度"（Acceleration）选项后方可使用。

● "模"（Magnitude）——每种类型的伺服电动机模都有其自己的输入要求。

● "图形"（Graph）——选择一个或多个选项，以定义图形显示布局。

a）"位置"（Position）选项：用图形表示伺服电动机的位置分布。

b）"速度"（Velocity）选项：用图形表示伺服电动机的速度分布。

c）"加速度"（Acceleration）选项：用图形表示伺服电动机的加速度分布。

d）"在单独图形中"（In separate graphs）选项：在单独的图形中显示分布。

● 单击，打开"图形工具"（Graphtool）窗口，并且显示已定义的图形。

（2）运动回放及仿真动画捕捉（见图 2-3-58）

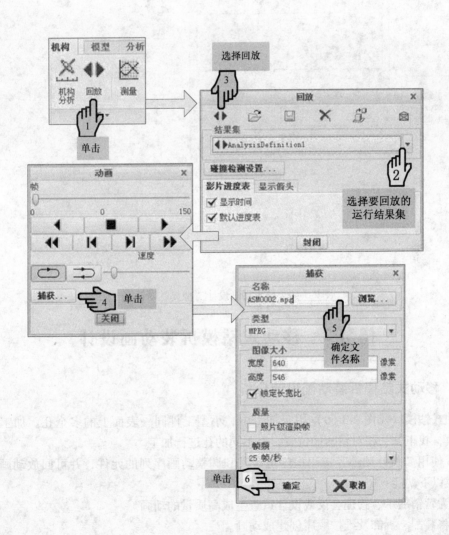

图 2-3-58 运动回放及仿真动画捕捉

【小知识】

★仿真动画设计捕捉对话框（见图2-3-59）

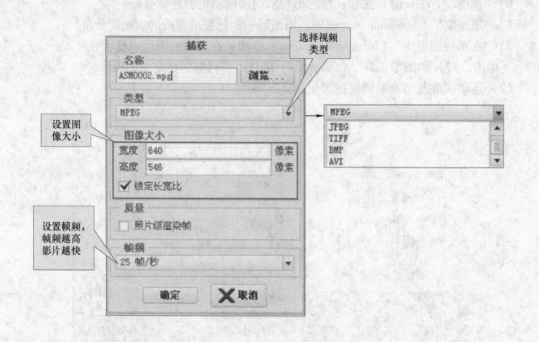

图 2-3-59　仿真动画设计"捕捉"对话框

任务 2　移动式钻模拆装动画设计

一、移动式钻模拆装动画设计分析

移动式钻模（见图 2-3-60）用于加工中、小型工件同一表面上的多个孔。加工中通过移动钻模，找正钻头相对钻套的位置，对不同的孔进行加工。

Creo 使用"设计动画"应用程序可定义和调整动画序列的元件，并可回放动画，从而可以完成以下功能：

1）为营销展示、管理会议或设计审查生成高质量的动画。

2）将装配、拆卸及维护顺序创建成动画。

3）创建复杂的合成动画。

利用"设计动画"应用程序完成移动式钻模的拆装动画，可以形象地展示钻模的组成以及装配过程。

图 2-3-60　移动式钻模

二、移动式钻模拆装动画设计思路（见图 2-3-61）

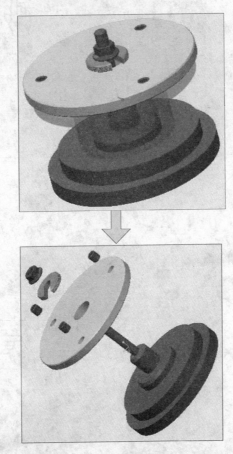

图 2-3-61　移动式钻模拆装动画设计思路

三、移动式钻模拆装动画设计过程

1. 动画设计准备工作

（1）设计零件并装配　设计装配后的移动式钻模如图 2-3-60 所示。

（2）创建合适的分解视图　设计思路如图 2-3-62 所示。

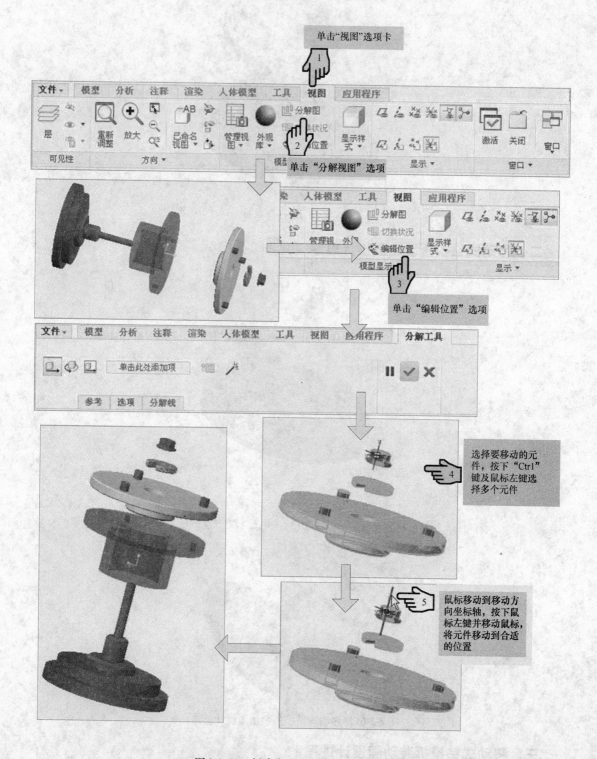

图 2-3-62　创建合适分解图的设计思路

（3）创建合适的视角（见图 2-3-63）

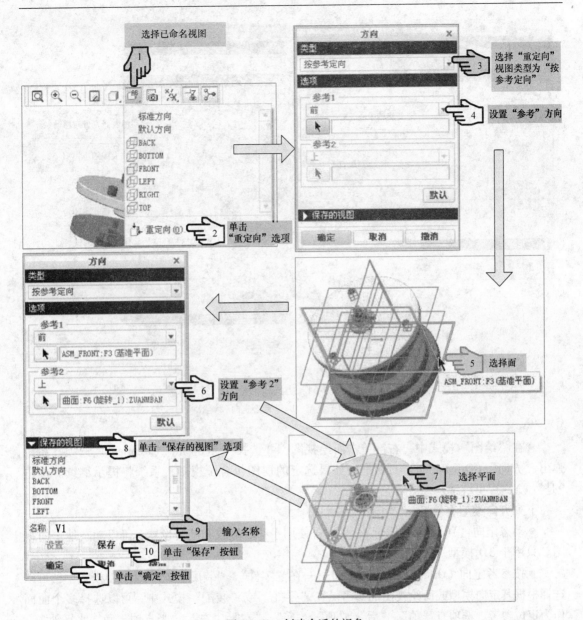

图 2-3-63 创建合适的视角

请读者自行重复上面的过程，建立多个合适的视角。

【小知识】

★"方向"对话框（见图 2-3-64）

模型首次创建时和以后任意时候检索调用模型时，模型以默认视角显示。可以用"方向"（Orientation）对话框更改模型默认视角或创建新的方向。

"绘图"模式下，也可用"方向"（Orientation）对话框更改绘制视图的方向。

要打开"方向"（Orientation）对话框，可选用下列操作之一：

●单击"视图"（View）—[图标] "重定向"（Reorient），系统弹出"方向"（Orientation）对话框，在"类型"（Type）复选框中选择"按参考定向"（Orient by reference）选项。

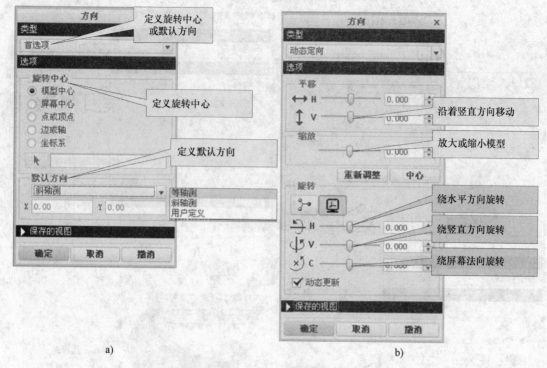

图 2-3-64 方向对话框

a)"首选项"类型 b)"动态定向"类型

● 在"绘图"模式中,右键单击所绘视图,并选择"重定向"(Reorient)选项,系统弹出"方向"(Orientation)对话框。如果选定的视图包含子视图,系统将提示继续。单击"是"(Yes)可继续。

下列方向类型有效:

● 动态定向(Dynamic Orient)——通过使用平移、缩放和旋转设置,可以动态地定向视图。只用于 3D 模型。

● 按参考定向(Orient by Reference)——在"零件"、"装配"或"绘图"模式中,可以选择根据其定向模型或所绘视图的参考。在"零件"或"装配"模式中,可以选择多个曲面作为定位参考。选项有"前"、"后"、"顶"、"底"、"左"、"右"、"竖直轴"和"水平轴"。

● 首选项(Preferences)——根据用户是在"零件"、"装配"还是"绘图"模式中,该区域包含不同的选项。

a)旋转中心——允许为 3D 模型定义旋转中心("零件"和"装配"模式)。

b)默认方向——允许更改零件、装配和绘图的默认定位。默认视图是"斜轴测"(Trimetric)。可将视图定位设置为"等轴图"(Isometric)或"用户定义"(User Defined)。在"用户定义视图"定位中,指定将模型绕 X 和 Y 轴旋转的角度。

c)原点——它允许用户将指定所绘视图的视图原点设置为默认原点或用户定义(自定义)原点。为此,应在指定所绘视图内选择一个参考对象。

● 角度(Angles)(只用于"绘图")——通过指定角度参考("法向"、"竖直"、"水平"或"边/轴")和角度值,可以定向所绘视图。指定的所有角度都会在"参考"区内列出。

● 保存的视图(Saved Views)——在"零件"、"装配"或"绘图"模式中,可以命名或保存视图，或检索先前保存的视图。

● 撤消（Undo）——在"零件"、"装配"或"绘图"模式中，可以撤消在"方向"（Orientation）对话框中所作的更改，并返回模型或绘图中的最新视图状态。

（4）创建合适的样式（见图 2-3-65）

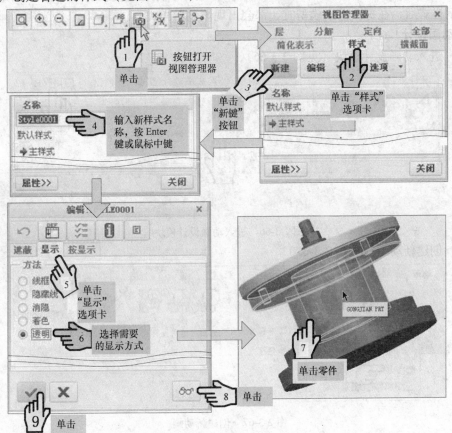

图 2-3-65　创建合适的样式

【小知识】

★关于装配显示样式

装配显示样式可分配元件在装配中的实体或线框的显示样式。随着设计的不断扩大，这有助于提高计算机性能。显示样式主要有两种模式：着色（实体）和线条。可使用"视图管理器"（View Manager）对话框中的"样式"（Style）选项卡来管理装配显示。分配的元件样式会出现在"模型树"的"显示样式"（Display Style）列中。可以为装配中的元件分配以下一种显示样式：

● 线框（Wireframe）——同等显示前面和后面的线。

● 着色（Shaded）——将模型显示为着色实体。

● 透明（Transparent）——将模型显示为透明实体。

● 隐藏线（Hidden Line）——以重影色调显示隐藏线。

● 消隐（No Hidden）——不显示前部曲面后的线。

● 遮蔽（Blank）——不显示模型。

不使用"视图管理器"（View Manager）对话框即可修改元件的显示样式。可从图形窗口、模型树或搜索工具中选择所需模型，然后使用"视图"（View）选项卡上的"模型显示"（Model Display）→"元件显示样式"（Component Display Style）命令为选定模型分配显示样式。可将这些暂时地更改存储为新的显示样式，或将其更新到现有样式中。当定义了默认的显示样式后，在每次检索模型时，都会出现该显示样式。

2. 动画设计

（1）进入动画设计模块（见图2-3-66）

图2-3-66　进入动画设计模块

（2）创建新动画（见图2-3-67）

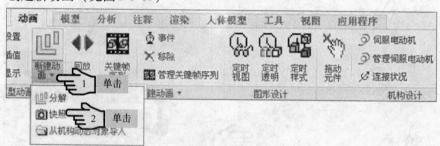

图2-3-67　创建新动画

（3）定义主体（见图2-3-68）

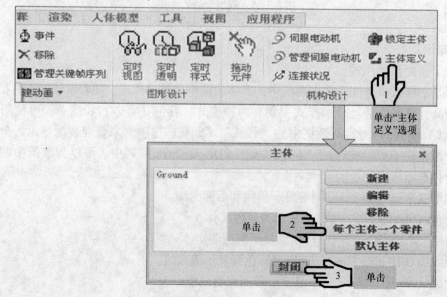

图2-3-68　定义主体

（4）定义快照

1）定义快照1（见图2-3-69）。

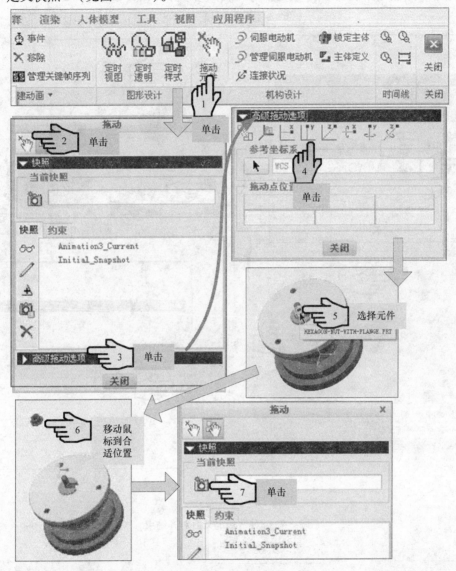

图2-3-69　定义快照1

2）定义快照2（见图2-3-70）。

图2-3-70　定义快照2

3）定义快照 3。钻模中有三个钻套，在移动过程中需要保持相同的高度。因此在移动之前需要对钻套定义面对齐约束，如图 2-3-71 所示。定义快照 3 如图 2-3-72 所示。

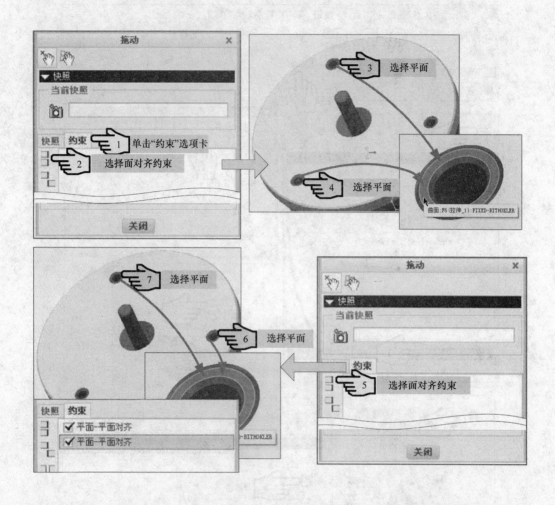

图 2-3-71　对钻套定义面对齐约束

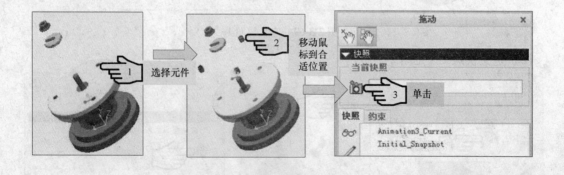

图 2-3-72　定义快照 3

4）定义其他快照。同理选择移动主体分别定义其快照，如图 2-3-73 所示。

图 2-3-73　定义其他快照

（5）定义关键帧序列（见图 2-3-74 和图 2-3-75）

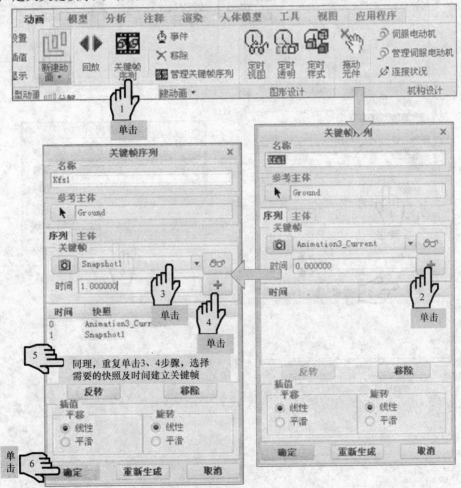

图 2-3-74　定义关键帧序列一

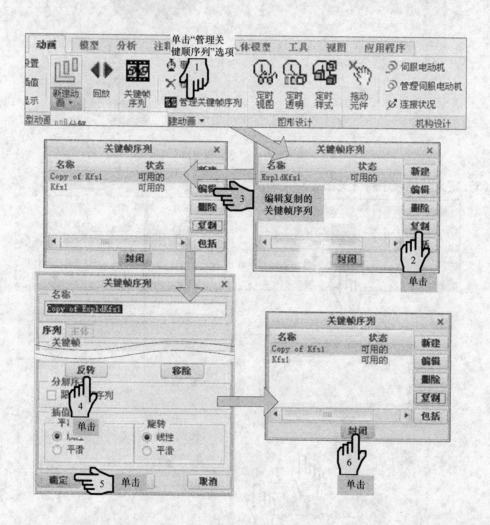

图 2-3-75 定义关键帧序列二

（6）定义定时视图（见图2-3-76）

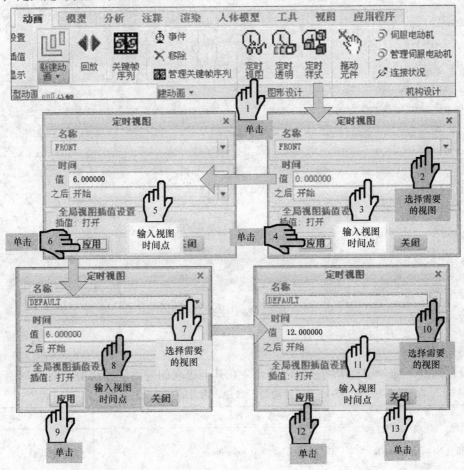

图2-3-76 定义定时视图

（7）定义时间域（见图2-3-77）

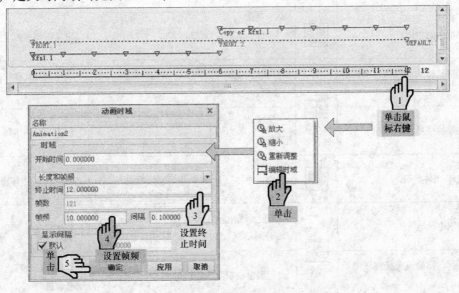

图2-3-77 定义时间域

（8）生成动画（见图 2-3-78）

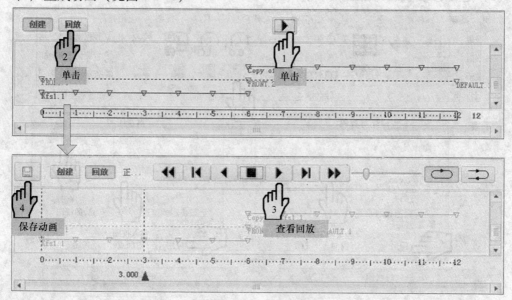

图 2-3-78　生成动画

【小知识】

"设计动画"命令、相应的按钮以及命令在其上出现的对话框和选项卡见表 2-3-1。

表 2-3-1　"设计动画"命令、相应的按钮及对话框

命　　令	按钮	对　话　框	功　　能
"新动画"（New Animation）		"动画"（Animations）	创建新动画
"动画显示"（Animation Display）		"显示图元"（Display Entities）对话框打开	控制模型中的图标显示
定义模型中的主体		"主体"（Bodies）对话框打开	定义模型中的主体
创建、编辑、移除或包括一个关键帧序列		打开"关键帧序列"（Key Frame Sequences）对话框	创建、编辑、移除或包括一个关键帧序列
创建关键帧序列		"关键帧序列"（Key Frame Sequences）对话框打开	创建关键帧序列
创建主体-主体锁定		"锁定主体"（Lock Bodies）对话框打开	创建主体-主体锁定
创建伺服电动机		打开"伺服电动机定义"（Servo Motor Definition）对话框	创建伺服电动机
创建、编辑、移除或包括伺服电动机		"伺服电动机"（Servo Motors）对话框打开	创建、编辑、移除或包括伺服电动机

（续）

命　令	按钮	对　话　框	功　能
在特定时间创建新视图		"定时视图"（View @ Time）对话框打开	在特定时间创建新视图
在特定时间创建新透明		"定时透明"（Transparency @ Time）对话框打开	在特定时间创建新透明
定义特定时间的元件显示		打开"定时样式"（Style @ Time）对话框	定义特定时间的元件样式
在时间线内编辑选定图元		对话框取决于选定图元	在时间线内编辑选定图元
生成动画		从已定义事件中生成新动画	生成动画
回放动画		"回放"（Playbacks）对话框和"动画"（Animate）对话框相继打开	回放动画
导出动画		将当前动画导出，并保存为". fra"文件	导出动画
更改连接状况		"连接状况"（Connection Status）对话框打开	更改连接状况
在当前动画中加入子动画		"Include in Animation"对话框随即打开	在当前动画中加入子动画
创建事件		"事件定义"（Event Definition）对话框打开	创建事件
放大时间尺度		时间刻度减小为选定大小。单击并在要查看的时间刻度部分周围拖动一个矩形	放大时间尺度
缩小时间尺度		时间刻度按增量递增，直至达到原始设置	缩小时间尺度
进行缩放，以重新调整时间尺度		时间刻度返回原始设置	进行缩放，以重新调整时间尺度
创建动画时域		"动画时域"（Animation Time Domain）对话框打开	创建动画时域
定义视图及透明的插值设置		"插值"（Interpolation）对话框打开	定义视图及透明的插值设置
更改动画设置		打开"设置"（Settings）对话框	更改动画设置

习　题

1. 完成图 2-3-79 所示四杆机构的运动仿真设计。
2. 完成图 2-3-80 所示凸轮机构的运动仿真设计。

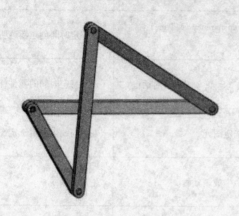

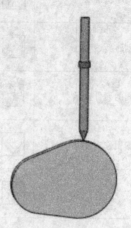

图 2-3-79　题 1 图　　　　　　　　　　图 2-3-80　题 2 图

学习领域三　典型夹具工程图设计

　　在生产实际中，指导生产的技术文件主要是二维工程图。所以在产品的三维模型设计完成之后，通常还需要将其转换成二维工程图。

　　本学习领域主要以台虎钳和钻床夹具为例，讲解 Creo 1.0 软件工程图视图、注释、标题栏、明细表的创建方法及应用。

学习情境1　台虎钳工程图设计

任 务 工 单

学习情境	学习情境1　台虎钳工程图设计				
姓名		学号		班级	

任务目标	知识目标：掌握零件工程图的视图创建、编辑 　　　　　掌握工程图的标注、注释 能力目标：能够进行零部件工程图的创建 　　　　　能够对工程图进行相关的操作 素质目标：具有问题分析能力、自我学习能力及创新能力

任务描述	任务1	工程图功能、配置文件设置方法
	任务2	视图创建、编辑
	任务3	工程图注释、标题栏、明细表设计

学习总结	

考核方法	项　目	分值比例	分　数		
			任务1	任务2	任务3
	项目计划决策	10%			
	项目实施检查	50%			
	项目评估讨论	10%			
	职业素养	20%			
	学生互评	10%			
	总分	100%			

指导教师 评语	

任务1 Creo 1.0 软件工程图及参数设置

一、工程图概述

使用 Creo1.0 的工程图模块，可创建 Creo1.0 三维模型的工程图，可以用注解来注释工程图、处理尺寸以及使用层来管理不同项目的显示等。工程图中的所有视图都是相关的，如改变一个视图中的尺寸值，系统就会相应地更新其他工程图视图。

工程图模块支持多个页面，允许定制带有草绘几何的工程图和工程图格式等。另外，还可以利用有关接口命令，将工程图文件输出到其他系统或将文件从其他系统输入到工程图模块中。

工程图环境中的菜单简介如下。

（1）布局选项区域 布局选项区域中的命令主要是用来设置绘图模型、模型视图的放置以及视图的线型显示等，如图 3-1-1 所示。

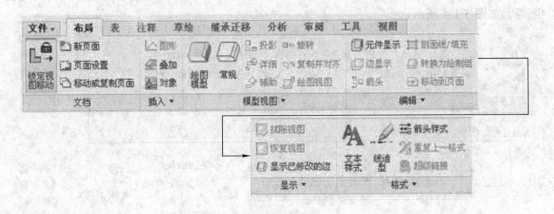

图 3-1-1 布局选项区域

（2）表选项区域 表选项区域中的命令主要是用来创建、编辑表格等，如图 3-1-2 所示。

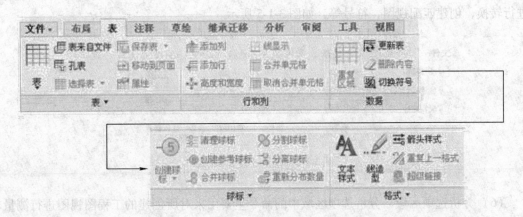

图 3-1-2 表选项区域

（3）注释选项区域 注释选项区域中的命令主要是用来添加尺寸及文本注释等，如图 3-1-3 所示。

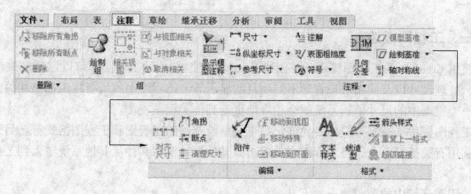

图 3-1-3 注释选项区域

（4）草绘选项区域 草绘选项区域中的命令主要用于工程图的绘制及编辑所需要的视图等，如图 3-1-4 所示。

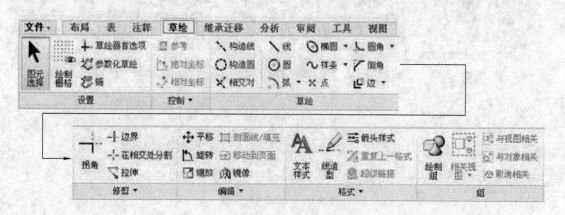

图 3-1-4 草绘选项区域

（5）继承迁移选项区域 继承迁移选项区域中的命令主要用来对所创建的工程图视图进行转换，创建匹配视图、符号等，如图 3-1-5 所示。

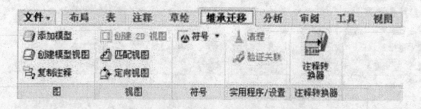

图 3-1-5 继承迁移选项区域

（6）分析选项区域 分析选项区域中的命令主要用来对所创建的工程图视图进行测量、检查几何等，如图 3-1-6 所示。

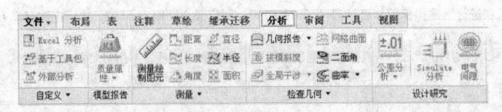

图 3-1-6　分析选项区域

（7）审阅选项区域　审阅选项区域中的命令主要用来对所创建的工程图视图进行审阅、检查等，如图 3-1-7 所示。

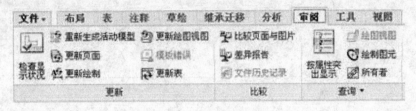

图 3-1-7　审阅选项区域

（8）工具选项区域　工具选项区域中的命令主要是用来对工程图进行调查、参数化设置等操作，如图 3-1-8 所示。

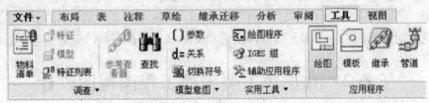

图 3-1-8　工具选项区域

（9）视图选项区域　视图选项区域中的命令主要是用来对创建的工程图进行可见性、模型显示等操作，如图 3-1-9 所示。

图 3-1-9　视图选项区域

二、设置符合国家标准的工程图环境

国家标准对工程图做出了许多规定，如尺寸文本的方位与字高、尺寸箭头的大小等国家标准都有明确的规定。通常企业都设置好了系统文件，这些系统文件中的配置可以使创建的工程图基本符合国家国标。假设 Creo 1.0 安装在 C 盘，把配置文件复制到 Creo 1.0 安装目录中的\text 文件夹下面，即 C：\Program Files\Creo 1.0\text 中，然后启动 Creo 1.0。注意，如果在进行上述操作前，已经启动了 Creo 1.0，则应 先退出 Creo 1.0，然后再次启动 Creo 1.0。

如图 3-1-10 所示，若直接修改配置编辑器中箭头所指选项，不用重启 Creo 1.0。

图 3-1-10　修改配置编辑器

修改完成后，退出 Creo 1.0，然后再次启动 Creo 1.0，系统新的配置即可生效。

任务 2　台虎钳主要零件工程图视图设计

一、零件工程图设计分析

零件图是表示零件结构、大小及技术要求的图样。零件图的内容包括一组图形、尺寸、技术要求、标题栏。本任务的主要任务是完成零件图视图的选择和画法。

零件图的视图选择是根据零件的结构形状、加工方法以及它在机器中所处位置等因素的综合分析来确定的。视图选择的内容包括：主视图的选择、视图数量和表达方法的选择。

1. 主视图的选择

主视图是一组图形的核心，主视图选择的恰当与否将直接影响到其他视图位置和数量的选择，关系到画图、看图是否方便，甚至牵扯到图纸幅面的合理利用等问题，所以，主视图的选择一定要慎重。

选择主视图的原则：将表示零件信息量最多的那个视图作为主视图，通常是零件的工作位置或加工位置或安装位置。

2. 其他视图数量和表达方法的选择

主视图确定后，应运用形体分析法对零件的各组成部分逐一进行分析，对主视图表达未尽部分，再选其他视图以完善其表达。具体选用时应注意以下几点：

1）所选视图应具有独立存在的意义和明确的表达重点，各个视图所表达的内容应互相配合，彼此互补，注意避免不必要的细节重复。在明确表示零件的前提下，使视图的数量为最少。

2）先选用基本视图，后选用其他视图；先表达零件的主要部分，后表达零件的次要部分。

3）零件结构的表达要内外兼顾、大小兼顾。

二、台虎钳底座工程图视图设计思路

1）主视图选择台虎钳底座的工作位置，同时为了表达其内部结构，主视图采用全剖的表达方式。

2）其他视图选用的是俯视图和左视图，其中左视图采用相交的剖切平面。

所以台虎钳底座是采用三个基本视图再加上剖视图的表达方法。

三、台虎钳底座视图的创建

1. 新建工程图

新建工程图如图 3-1-11 所示。

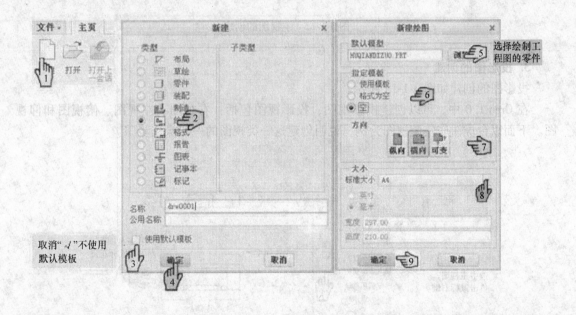

图 3-1-11　新建工程图

【小知识】

指定模板

"使用模板"指创建工程图时，使用某个工程图模板；"格式为空"指不使用模板，但使用某个图框格式；"空"指既不使用模板，也不使用某个图框格式。"方向"指图纸摆放方式，其中"可变"指的是使用非标准图纸，需要手动输入尺寸。

2. 主视图的创建

主视图的创建如图 3-1-12 所示。

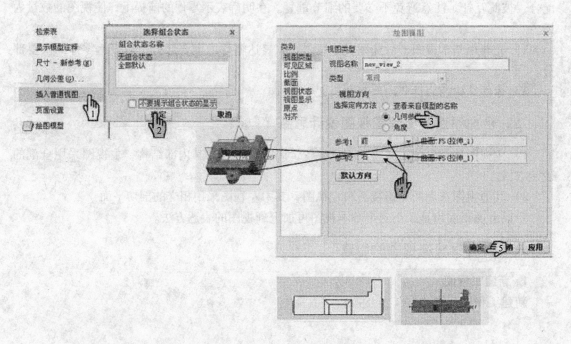

图 3-1-12　主视图的创建

3. 投影图的创建

投影图的创建如图 3-1-13 所示。

在 Creo 1.0 中，可以创建投影视图，投影视图包括：右视图、左视图、俯视图和仰视图。下面以台虎钳底座俯视图为例，说明创建这一类视图的一般操作步骤。

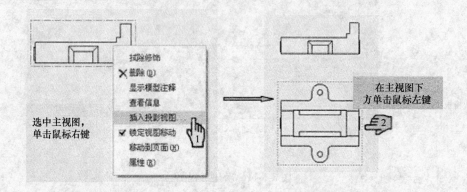

图 3-1-13　投影图的创建

四、视图的编辑

1. 移动视图与锁定视图

移动视图与锁定视图如图 3-1-14 所示。

在创建完视图后，如果它们在图样上的位置不合适（视图间距太紧或太松），用户可以移动视图。如果视图位置已调整好，则可启动"锁定视图移动"功能，禁止视图的移动。

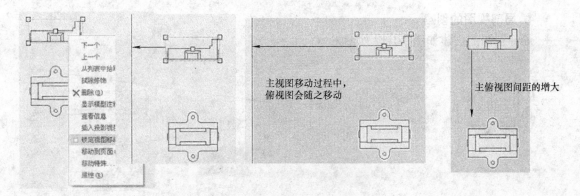

图 3-1-14　移动视图与锁定视图

2. 删除视图

删除视图如图 3-1-15 所示。

当要删除一个带有子视图的视图时，系统会弹出提示窗口，要求确认是否删除该视图，此时若选择是，就会将该视图的所有子视图连同该视图一并删除，因此在删除带有子视图的视图时，务必要注意这一点。

3. 视图的显示样式

视图的显示样式如图 3-1-16 所示。

工程图中的视图可以设置为图 3-1-16 所示的几种显示样式，设置完成后，系统保持这种设置而与"环境"对话框中的设置无关，且不受"视图显示"按钮的控制。

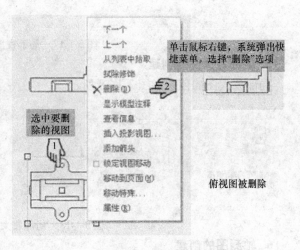

图 3-1-15　删除视图

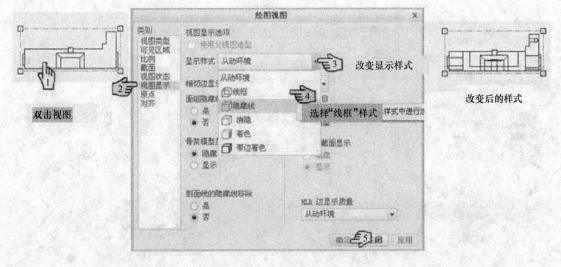

图 3-1-16　视图的显示样式

4. 局部视图的创建

局部视图的创建如图 3-1-17 所示。

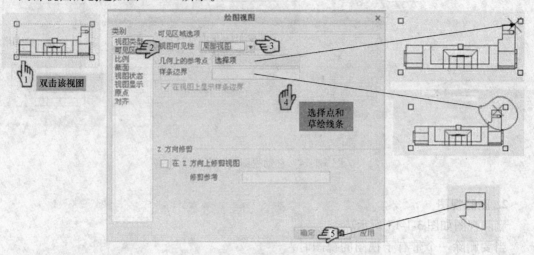

图 3-1-17　局部视图的创建

5. 局部放大图的创建

局部放大图的创建如图 3-1-18 所示。

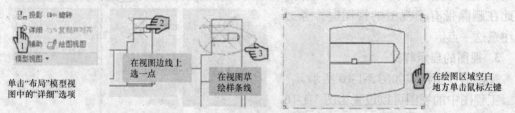

图 3-1-18　局部放大图的创建

6. 轴测图的创建

轴测图的创建如图 3-1-19 所示。

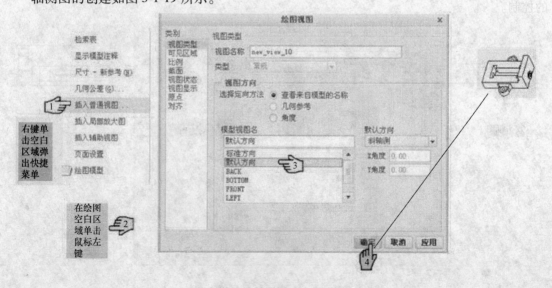

图 3-1-19　轴测图的创建

7. 全剖视图的创建

全剖视图的创建如图 3-1-20 所示。

台虎钳底座主视图采用全剖视图的表达方式。

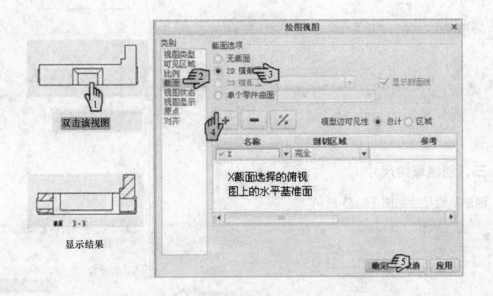

图 3-1-20 全剖视图的创建

任务3 台虎钳主要零件工程图注释设计

下面以台虎钳底座为例介绍工程图中尺寸的创建。

一、注释设计思路

注释设计思路如图 3-1-21 所示。

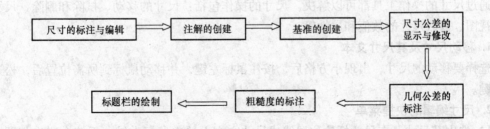

图 3-1-21 注释设计思路

二、创建被驱动尺寸

创建被驱动尺寸如图 3-1-22 所示。

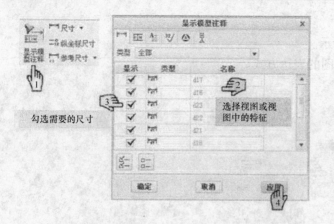

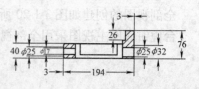

图 3-1-22　创建被驱动尺寸

三、创建草绘尺寸

创建草绘尺寸如图 3-1-23 所示。

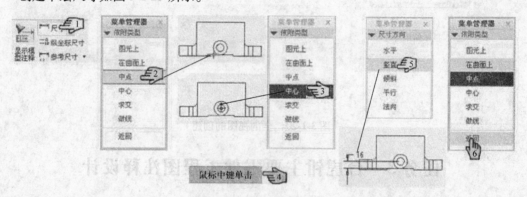

图 3-1-23　创建草绘尺寸

四、尺寸的操作

在创建被驱动尺寸的操作中，由系统自动显示的尺寸在工程图上有时会显得杂乱无章，或尺寸相互遮盖，或尺寸间距过松或过密，或某个视图上的尺寸太多，出现重复尺寸，这些问题通过尺寸的操作工具都可以解决。尺寸的操作包括：尺寸的移动、拭除和删除、尺寸的切换视图、修改尺寸的数值和属性等。

1. 移动尺寸及其尺寸文本

选择要移动的尺寸，出现小方格后，按住鼠标左键，并移动鼠标到所需位置后，松开鼠标左键。

2. 尺寸编辑的快捷菜单

1）选中某尺寸，在尺寸标注位置线或尺寸文本上单击鼠标右键，系统会弹出如图 3-1-24 所示的快捷菜单。

"拭除"选项会使选中的尺寸在工程图中不显示，若要恢复显示，则在绘图树中单击"注释"前的节点，然后选择被拭除的尺寸并单击鼠标右键，在系统弹出的快捷菜单中选择"取消拭除"命令。

"将项移动到视图"选项的功能是将尺寸从一个视图移动到另一个视图，操作方法是：

选中该选项后，接着选择要移动到的目的视图。

“反向箭头”选项可切换所选尺寸的箭头方向。

2）选中某尺寸后，在尺寸界限上单击鼠标右键，系统会弹出如图 3-1-25 所示的快捷菜单。

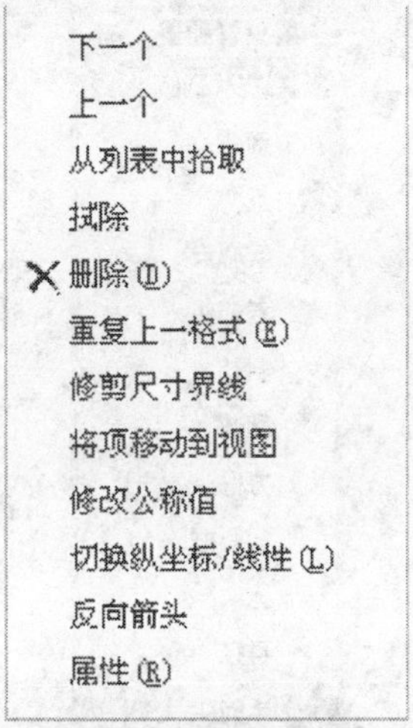

下一个
上一个
从列表中拾取
拭除
删除(D)
重复上一格式(E)
修剪尺寸界线
将项移动到视图
修改公称值
切换纵坐标/线性(L)
反向箭头
属性(R)

图 3-1-24　快捷菜单

下一个
上一个
从列表中拾取
拭除
修剪尺寸界线
插入角拐

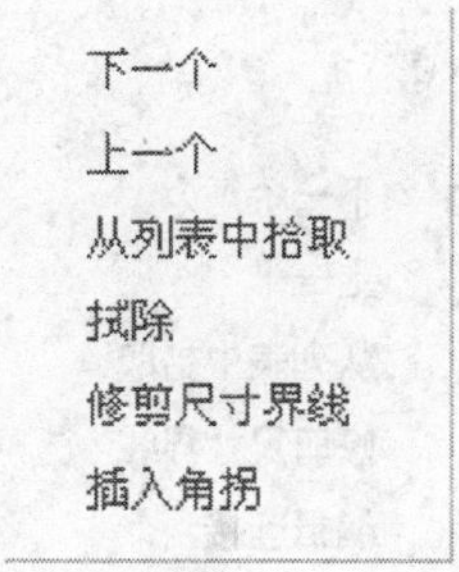

图 3-1-25　快捷菜单

①拭除：拭除操作如图 3-1-26 所示。

单击右键
下一个
上一个
从列表中拾取
拭除
修剪尺寸界线
插入角拐
Ø25Ø32
76
选中尺寸，
单击右键
删除(D)
重复上一格式(E)
将项移动到视图
显示尺寸界线
修改公称值
切换纵坐标/线性(L)
反向箭头
属性(R)

图 3-1-26　拭除

②插入拐点：插入拐点操作如图 3-1-27 所示。

选中尺寸
Ø25Ø32
下一个
上一个
从列表中拾取
拭除
修剪尺寸界线
插入角拐
这是拐点
76
鼠标中间结束命令

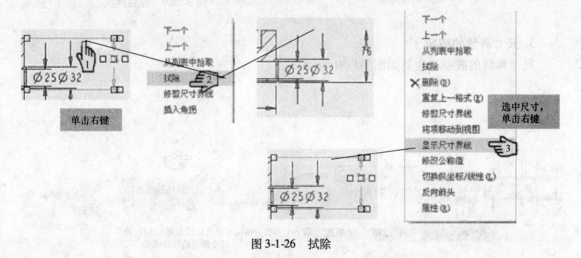

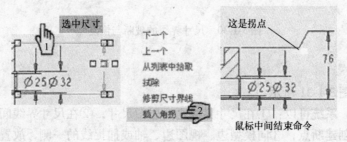

图 3-1-27　插入拐点

3）在尺寸标注线的箭头上单击鼠标右键，系统弹出如图 3-1-28 所示的快捷菜单"箭头样式"选项的主要功能是修改尺寸箭头的样式，箭头的样式可以是箭头、点、实心点和斜杠等，如图 3-1-29 所示。

下一个
上一个
从列表中拾取
修剪尺寸界线
编辑连接
箭头样式(A)...

图 3-1-28　快捷菜单

菜单管理器
▼ 箭头样式

箭头
点
实心点
双箭头
斜杠
整数
方框
实心框
无
目标
半箭头
三角形
完成/返回

图 3-1-29　箭头样式

3. 尺寸界线的破断

尺寸界线的破断与恢复如图 3-1-30 所示。

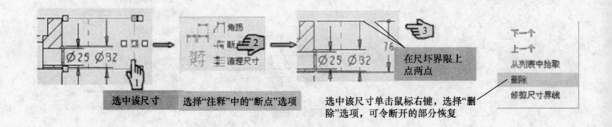

图 3-1-30　尺寸界线的破断与恢复

4. 清除尺寸

清除尺寸如图 3-1-31 所示。

通过该工具，系统可以：①在尺寸界线之间居中尺寸；②在尺寸界线间或尺寸界线与草绘图元交接处，创建断点；③向模型边、视图边、轴或捕捉线的一侧，放置所有尺寸；④反向箭头；⑤将尺寸的间距调到一致。

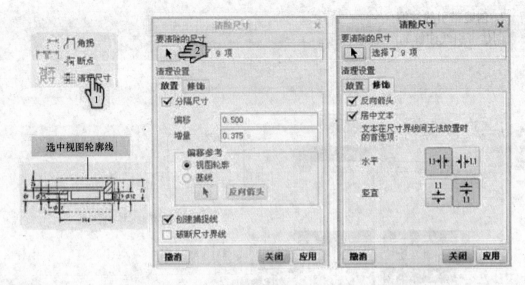

图 3-1-31　清除尺寸

五、创建注解文本

1. 创建无引线注解

创建无引线注解如图 3-1-32 所示。

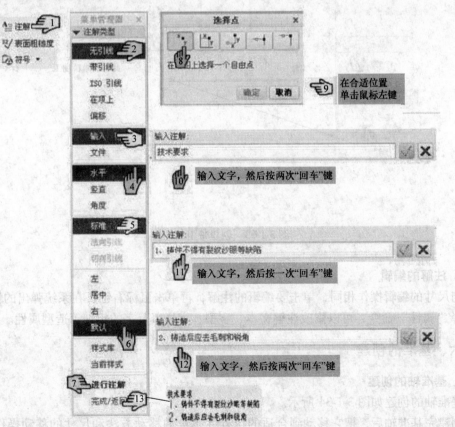

图 3-1-32　创建无引线注解

2. 创建带引线注解

创建带引线注解如图 3-1-33 所示。

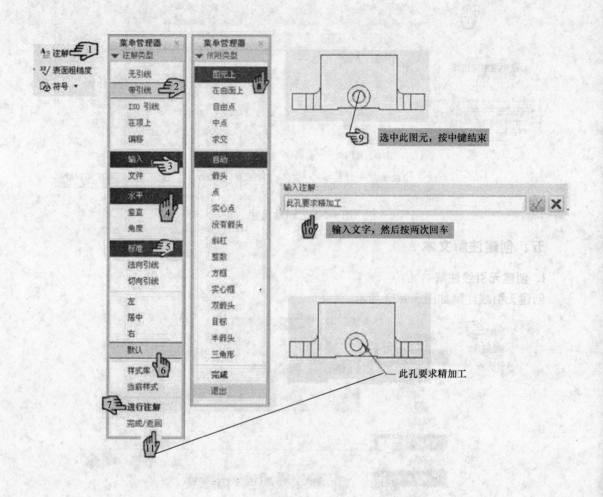

图 3-1-33　创建带引线注解

3. 注解的编辑

与尺寸的编辑操作相同，单击要编辑的注解，再单击鼠标右键，在系统弹出的快捷菜单中选择"属性"命令，可以修改注解文本、字型、字高以及字的粗细等造型属性。

六、基准的创建

1. 基准轴的创建

基准轴的创建如图 3-1-34 所示。

创建完基准轴后，把它移动到合适的位置（基准的移动方法和尺寸的移动操作相同），然后视情况将某个视图中不需要的基准符号拭除。

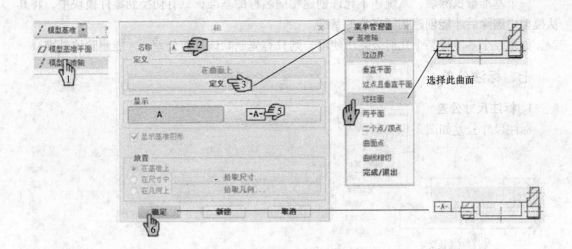

图 3-1-34　基准轴的创建

2. 基准平面的创建

基准平面的创建如图 3-1-35 所示。

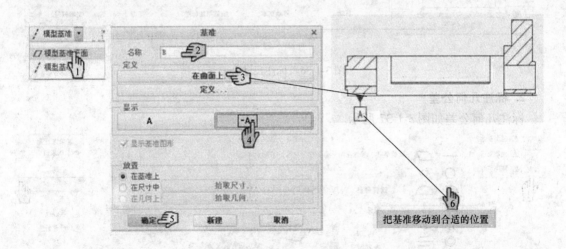

图 3-1-35　基准平面的创建

3. 基准的拭除和删除

"拭除"基准的真正含义是在工程图环境中不显示基准符号（同尺寸的拭除方法相同）；而基准的"删除"是将其从模型中真正完全地去除，所以基准的删除要切换到零件模块中进行，其操作步骤如下：

1）切换到模型窗口。

2）从模型树中找到基准名称，并单击该名称，再单击鼠标右键，从系统弹出的基准菜单中选择"删除"命令。

注意：

一个基准被拭除后，系统还不允许创建相同名称的基准，只有切换到零件模块中，将其从模型中删除后才能创建相同名称的基准。

如果一个基准被某个几何公差所使用，则只有先删除该几何公差，才能删除该基准。

七、标注公差

1. 标注尺寸公差

标注尺寸公差如图 3-1-36 所示。

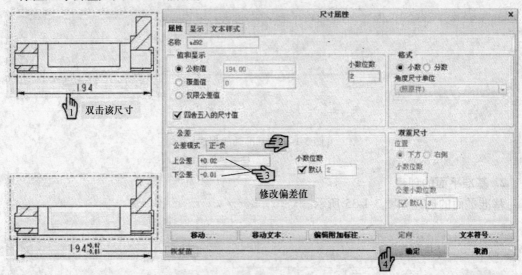

图 3-1-36　标注尺寸公差

2. 标注几何公差

标注几何公差如图 3-1-37 所示。

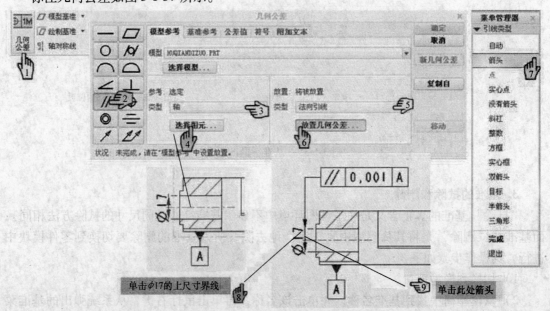

图 3-1-37　标注几何公差

八、标注表面粗糙度

标注表面粗糙度如图 3-1-38 所示。

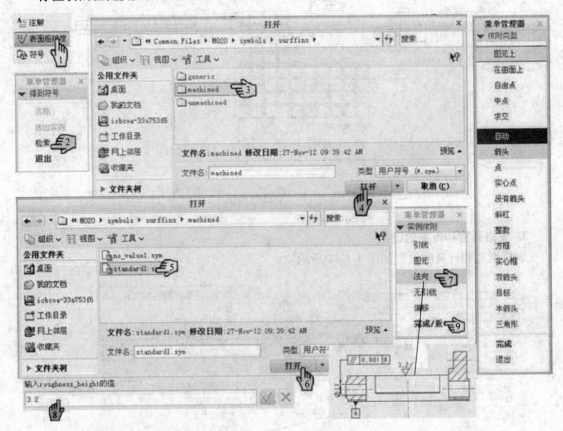

图 3-1-38　标注表面粗糙度

九、标题栏的绘制

下面以 A3 图纸为例来讲解标题栏的创建。

1. A3 图纸边框的建立

A3 图纸边框的建立如图 3-1-39 所示。

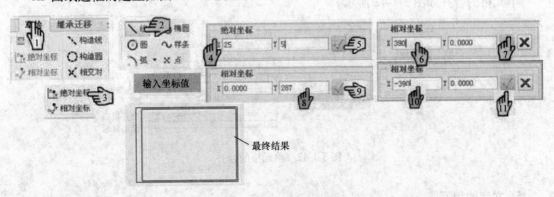

图 3-1-39　A3 图纸边框的建立

2. 表格的创建

表格的创建如图 3-1-40 所示。

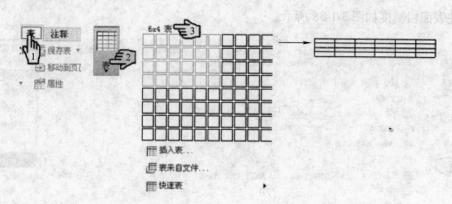

图 3-1-40　表格的创建

3. 表格列宽和行高的设置

表格列宽和行高的设置如图 3-1-41 所示。

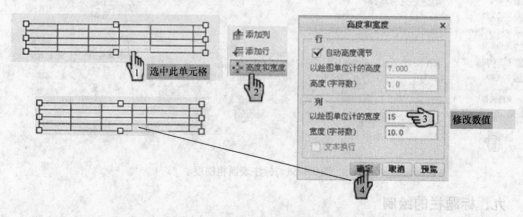

图 3-1-41　表格列宽和行高的设置

4. 单元格的合并

单元格的合并如图 3-1-42 所示。

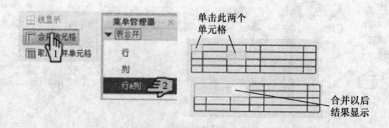

图 3-1-42　单元格的合并

5. 文字的填写

文字的填写如图 3-1-43 所示。

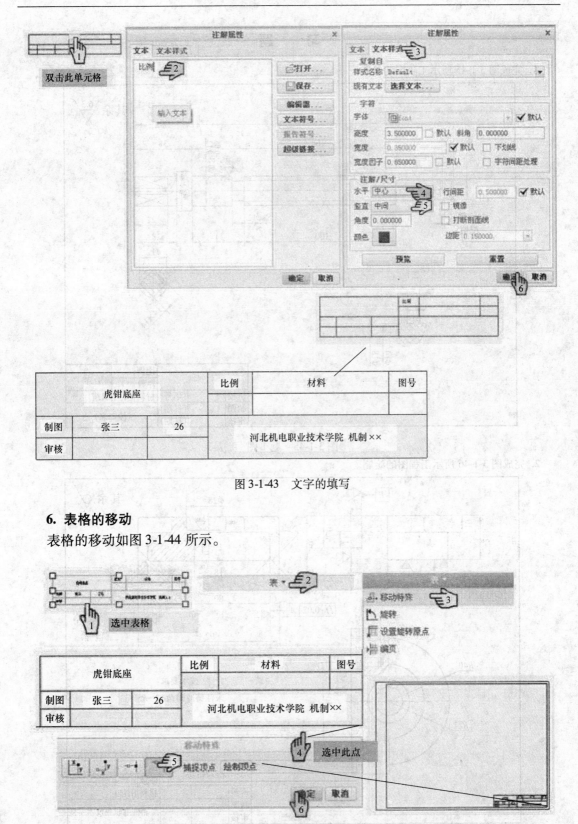

图 3-1-43　文字的填写

6. 表格的移动

表格的移动如图 3-1-44 所示。

图 3-1-44　表格的移动

习　题

1. 完成图 3-1-45 所示工程图的绘制。

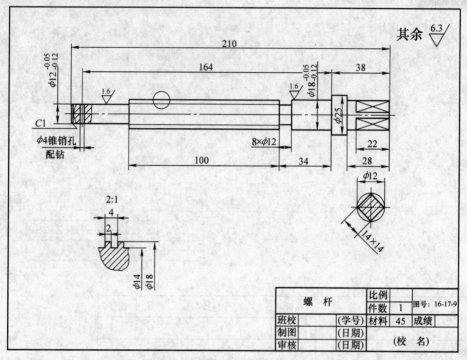

图 3-1-45　题 1 图

2. 完成图 3-1-46 所示工程图的绘制。

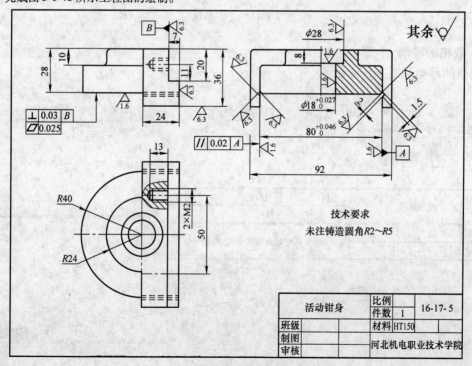

图 3-1-46　题 2 图

学习情境 2 钻床夹具工程图设计

任 务 工 单

学习情境	学习情境 2 钻床夹具工程图设计				
姓名		学号		班级	

任务目标	知识目标：掌握剖视图中剖面线的编辑方法 　　　　　掌握总装工程图设计思路 　　　　　掌握总装工程图明细表的创建方法 能力目标：能够进行总装工程图的设计 素质目标：具有问题分析能力、自我学习能力及创新能力

任务描述	任务 1	任务 2

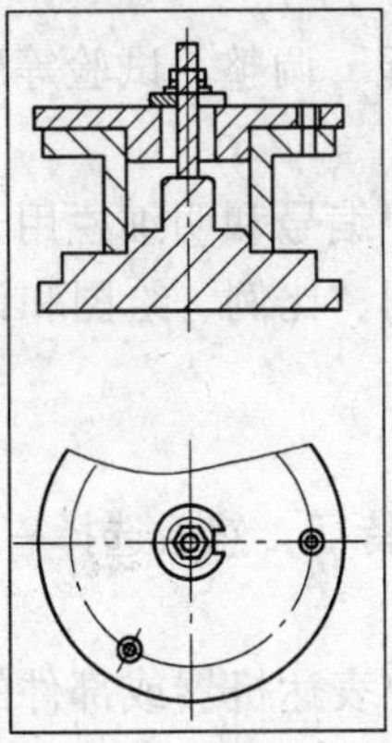

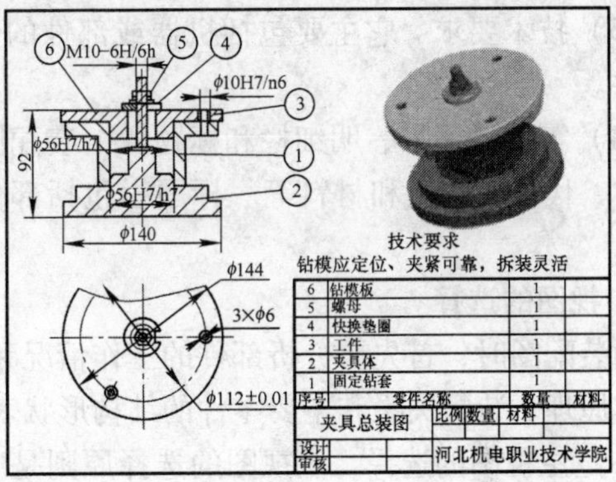

学习总结	

考核方法	项　目	分值比例	分　数		
			任务 1	任务 2	任务 3
	项目计划决策	10%			
	项目实施检查	50%			
	项目评估讨论	10%			
	职业素养	20%			
	学生互评	10%			
	总分	100%			

指导教师 评语	

任务1　钻模装配工程图视图设计

一、装配工程图设计分析

1. 装配工程图的功能及内容

装配图是表达机器或部件的图样，通常用来表达机器或部件的工作原理及零件、部件间的装配关系，各组成零件在机器或部件中的作用和结构、零件之间的相对位置和连接方式以及装配、检验、安装时所需尺寸数据、技术要求，是机械设计和生产中的重要技术文件之一。

一张完整的装配图通常包括以下四个方面的内容：

（1）一组视图　用一组视图、剖视图等表达出机器（或部件）的工作原理，各零件的相对位置及装配关系、连接方式和重要零件的形状结构。

（2）必要的尺寸　装配图上只需要标注机器或部件的性能（规格）尺寸、配合尺寸、安装尺寸、外形尺寸、检验尺寸等。

（3）技术要求　它主要包括机器或部件的性能、装配、调整、试验等所必须满足的技术条件。

（4）零件的序号、明细栏和标题栏　装配图中的零件编号和明细栏用于说明每个零件的名称、代号、数量和材料等。标题栏包括部件名称绘图、比例、绘图和设计人员的签名等。

2. 视图的选择

画装配图时，首先要分析部件的工作情况和装配结构特征，然后选择一组图形，把部件的工作原理、装配关系和主要零件的结构形状表达清楚。

（1）主视图的选择　主视图的选择原则是应能较好地表达机器或部件的工作原理和主要装配关系，并尽可能按工作位置放置，即它能表达主要装配干线或较多的装配关系。

（2）其他视图的选择　针对主视图还没有表达清楚的装配关系和零件间的相对位置，应选用其他视图及相关的表达方法，如剖视图（包括拆卸画法、沿零件结合面剖切）和断面图等表达方法来表达清楚。装配图中的每一个视图，都应有其表达的侧重内容。整个表达方案应力求简练、清晰、正确。

图 3-2-1 所示为钻模装配工程图。

二、钻模装配工程图视图设计思路

1）依据视图选择原则，选择主视图和其他视图。

2）为显示装配的内部结构，主视图选择剖视图形式。

3）根据机床夹具工程图设计要求，将零件用双点画线表示，如图 3-2-1 所示。

三、钻模装配工程图视图设计过程

1. 钻模装配工程图视图设计准备工作

（1）设置工作目录（见图 3-2-2）

（2）工程图配置设置（见图 3-2-3）

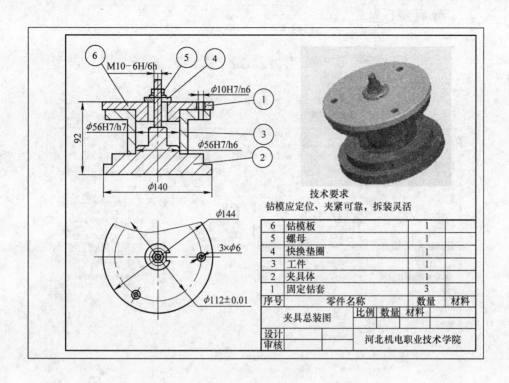

图 3-2-1 钻模装配工程图

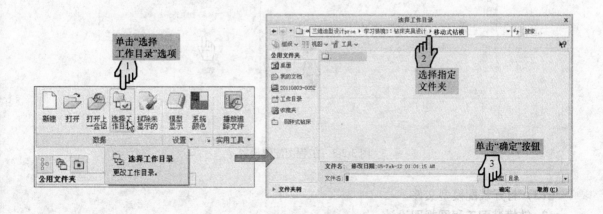

图 3-2-2 设置工作目录

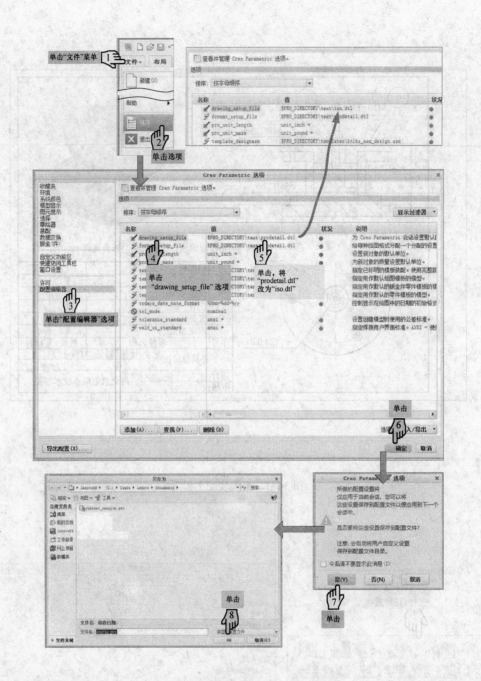

图 3-2-3　工程图配置设置

（3）打开装配模型文件

2. 钻模装配工程图视图设计

（1）建立工程图文件（见图 3-2-4）

（2）设置模型及图纸（见图 3-2-5）

（3）主视图创建（见图 3-2-6）

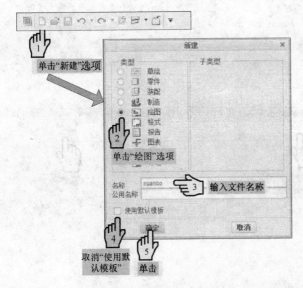

图 3-2-4　建立工程图文件　　　　　　　　　图 3-2-5　设置模型及图纸

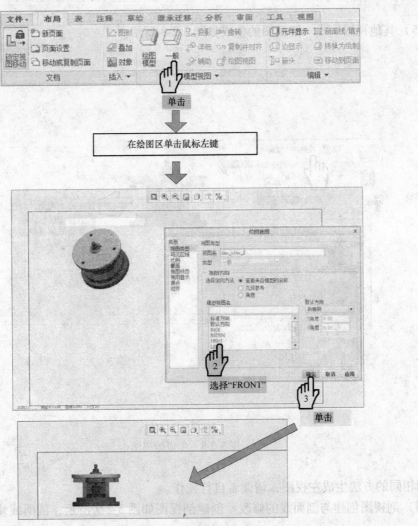

图 3-2-6　主视图创建

（4）设置绘图比例（见图 3-2-7）

图 3-2-7　设置绘图比例

（5）其他视图生成　俯视图的生成如图 3-2-8 所示。

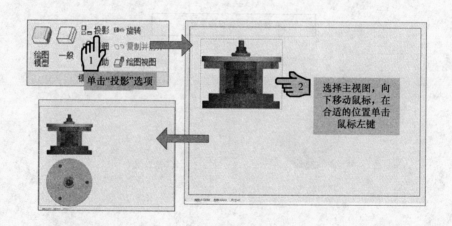

图 3-2-8　生成俯视图

用相同的方法生成左视图，请读者自行操作。

（6）剖视图创建与剖面线的修改　创建剖视图如图 3-2-9 所示；剖面线修改如图 3-2-10 所示。

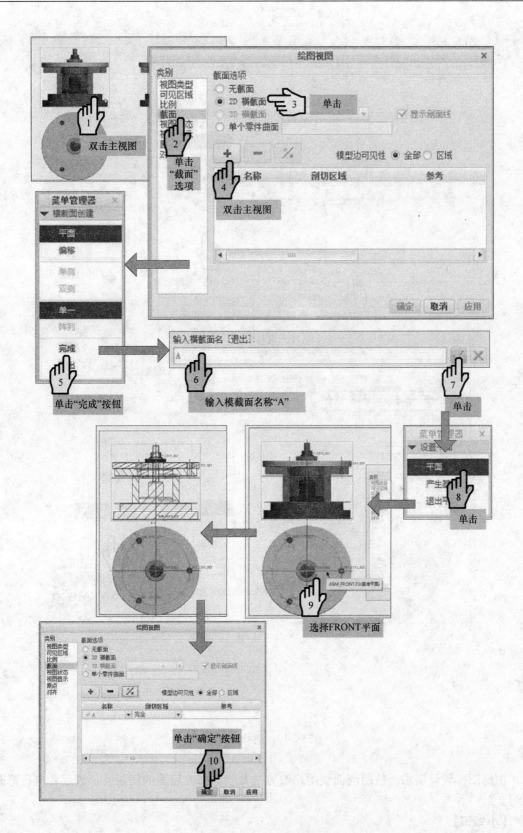

图 3-2-9 创建剖视图

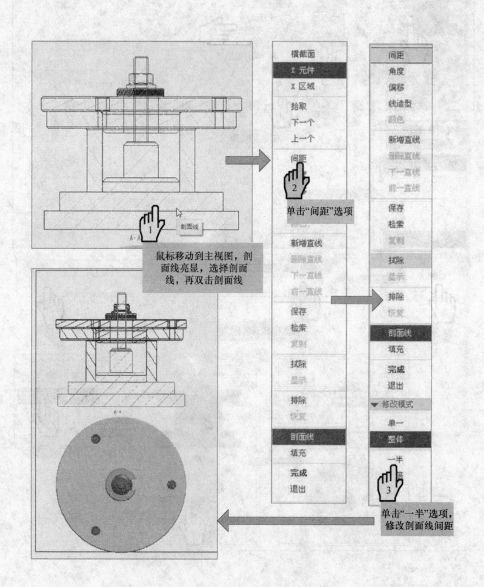

图 3-2-10　剖面线修改

　　根据图样设计需求，按照剖面线的修改方法及步骤修改后面的剖面线，请读者自行修改练习。

【小知识】

★剖面线修改方法介绍（见图 3-2-11）

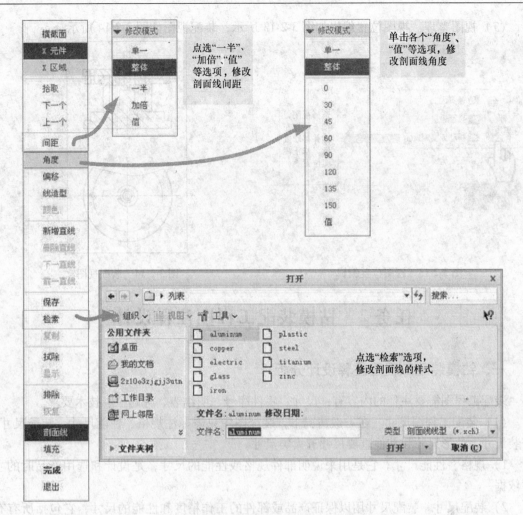

图 3-2-11 剖面线修改方法介绍

Creo 1.0 软件中提供的剖面线的样式如图 3-2-12 所示，它包含了九种标准的剖面线图案。

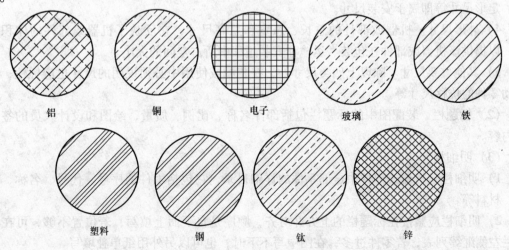

图 3-2-12 剖面线样式

（7）视图整理　视图位置编辑如图 3-2-13 所示；装配视图如图 3-2-14 所示。

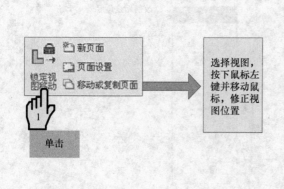

图 3-2-13　视图位置编辑

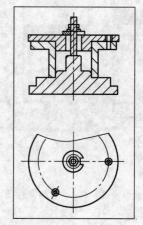

图 3-2-14　装配视图

任务 2　钻模装配工程图注释设计

一、钻模装配工程图注释设计分析

装配工程图需要注释的内容有：尺寸、零件序号、明细表、标题栏、技术要求。

（1）装配工程图尺寸　在一般情况下，装配图中只需标注规格、性能尺寸，装配尺寸，安装尺寸，外形尺寸和其他重要尺寸五大类尺寸。

1）规格、性能尺寸。它是用来说明部件规格或性能的尺寸，是设计和选用产品时的主要依据。

2）装配尺寸。装配尺寸用以保证产品或部件的工作精度和性能的尺寸，它包括所有有配合要求的尺寸、零件之间的连接定位尺寸、轴线到轴线的距离、轴线到基面的距离和基面到基面的距离等。

3）安装尺寸。将部件安装到其他零、部件或基础上所需要的尺寸。如地脚螺栓孔的定位、定形尺寸等即属于安装尺寸。

4）外形尺寸。机器或部件的总长、总宽和总高尺寸，它反映了机器或部件的体积大小，以提供该机器或部件在包装、运输和安装过程中所占空间的大小。

5）其他重要尺寸。除以上四类尺寸外，在装配或使用中必须说明的尺寸也应标注，如运动零件的位移尺寸等。

（2）标题栏　装配图中的标题栏包括部件名称、比例、质量、绘图和设计人员的签名等内容。

（3）明细栏

1）明细栏是机器或部件中全部零件的详细目录，它包括零件的序号、代号、名称、数量、材料等。

2）明细栏应紧接在标题栏的上方并对齐，顺序是自下而上填写，若位置不够，可在标题栏左侧继续列表，若零件过多，在图中写不下时，也可以另外用纸单独填写。

3）标准件应填写规定标记，如螺钉 GB/T 70.1 M6×16；齿轮的模数等重要参数可以填入零件的备注一栏中。

（4）技术要求　装配图上一般应注写以下几方面的技术要求：

1）装配过程中的注意事项和装配后应满足的要求。如保证间隙、精度要求、润滑方法、密封要求等。

2）检验、试验的条件和规范以及操作要求。

3）部件的性能、规格参数、包装、运输、使用时的注意事项和表面涂饰要求等。

二、钻模装配工程图注释设计思路（见图 3-2-15）

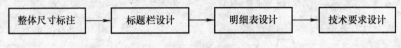

图 3-2-15　注释设计思路

三、钻模装配工程图注释设计过程

1. 尺寸标注

（1）创建外形尺寸（见图 3-2-16）

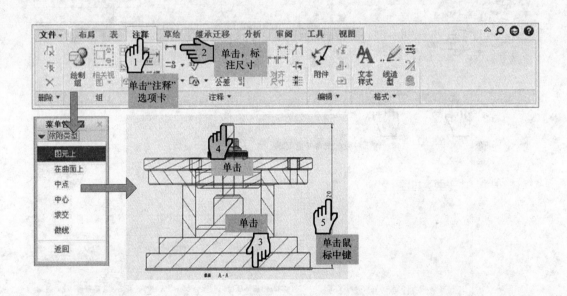

图 3-2-16　创建外形尺寸

按照相同的办法标注外形总体尺寸。

（2）创建装配尺寸　装配尺寸标注如图 3-2-17 所示。

2. 标题栏设计

（1）表格制作及修改（见图 3-2-18）

依照相同的方法生修改单元格的高度和宽度，完成标题栏的尺寸。

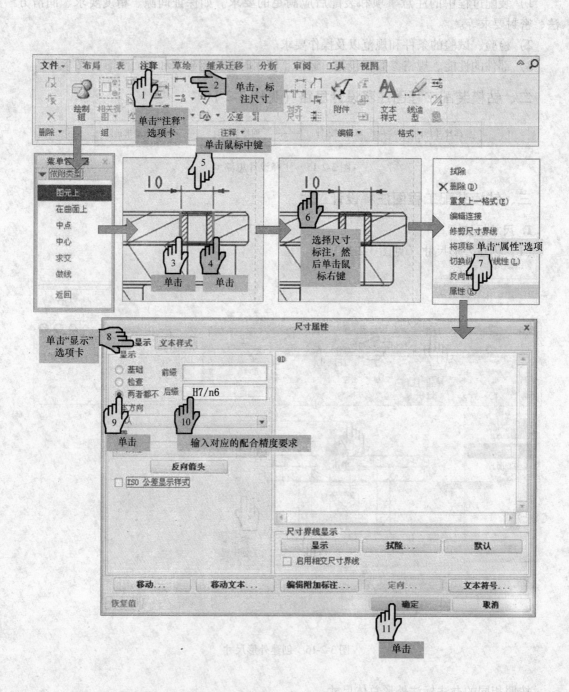

图 3-2-17 装配尺寸标注

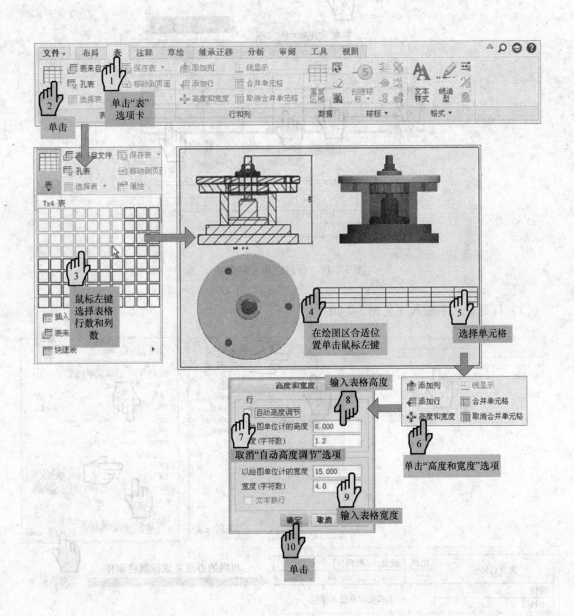

图 3-2-18 表格制作及修改

（2）标题栏单元格合并（见图 3-2-19）

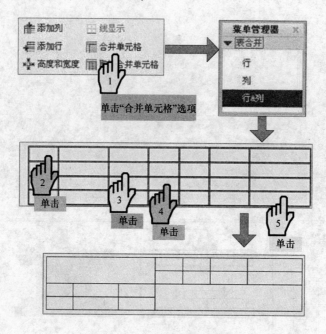

图 3-2-19　标题栏单元格合并

（3）标题栏文字输入（见图 3-2-20）

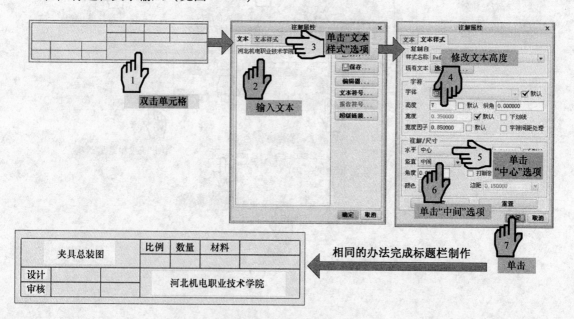

图 3-2-20　标题栏文字输入

3. 明细表设计

（1）创建表格及表格属性设置（见图 3-2-21）

（2）重复区域设置（见图 3-2-22）

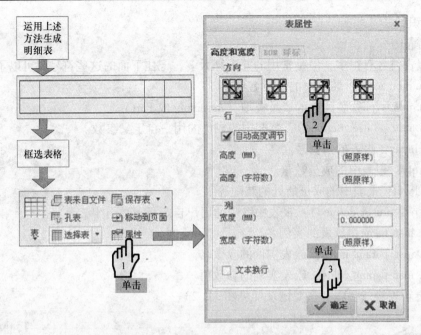

图 3-2-21 创建表格及表格属性设置

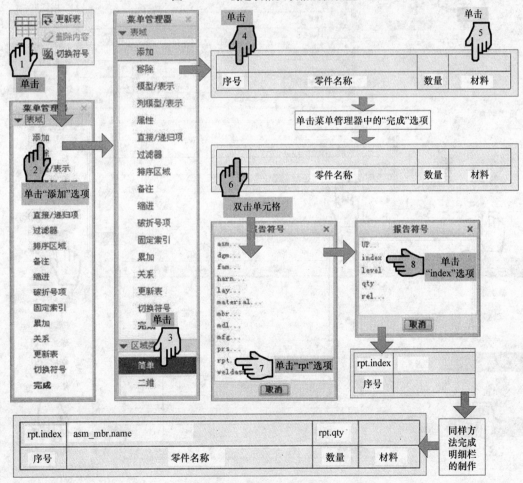

图 3-2-22 重复区域设置

【小知识】

★报告符号

尽管报告符号有很多，但是常用的并不算太多，记住下面的这些符号就可以了：

- asm. mbr. name：装配中的成员名称。
- asm. mbr. type：装配中的成员类型（Assembly 或 Part）。
- asm. mbr.（user defined）：装配中的成员的用户自定义参数。
- rpt. index：报表的索引号。
- rpt. qty：报表中的成员数量。
- rpt. level：报表中的成员所处的装配等级。
- rpt. rel.（user defined）：报表关系中的用户自定义参数。
- fam. inst. name：族表的实例名。
- fam. inst. param. name：族表实例的参数名。
- fam. inst. param. value：族表实例的参数值。

（3）更新表格与整理表重复记录（见图 3-2-23）

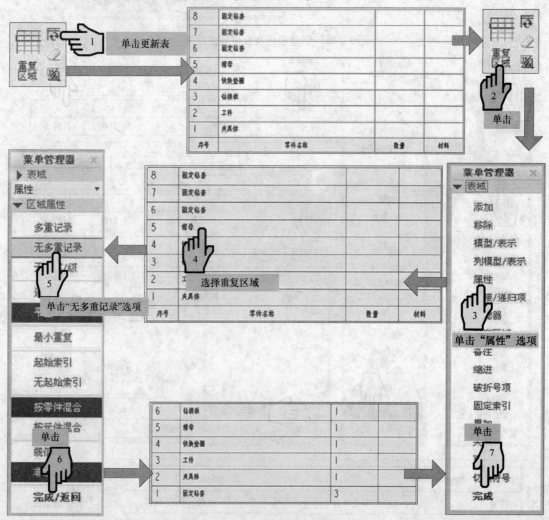

图 3-2-23　更新表格与整理表重复记录

（4）创建球标（见图3-2-24）

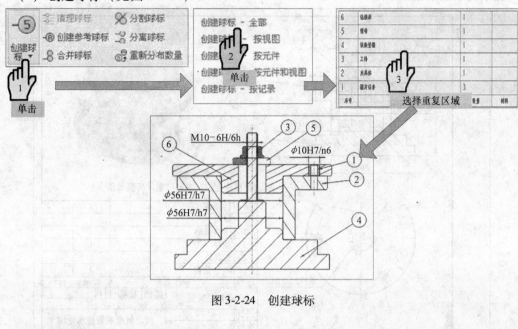

图 3-2-24　创建球标

4. 技术要求设计

技术要求设计如图 3-2-25 所示。

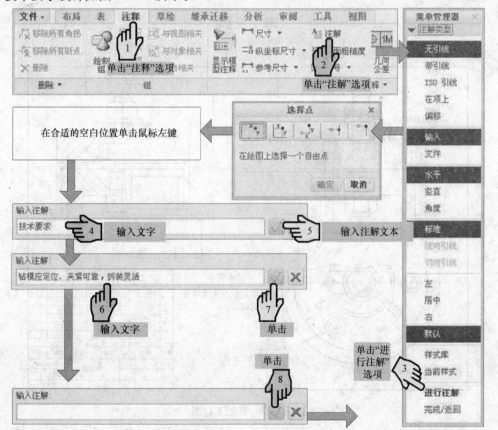

图 3-2-25　技术要求设计

完成的装配工程图如图 3-2-26 所示。

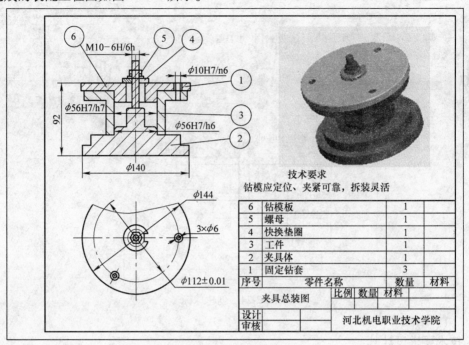

图 3-2-26　完成的装配工程图

技术要求

钻模应定位、夹紧可靠，拆装灵活

6	钻模板	1	
5	螺母	1	
4	快换垫圈	1	
3	工件	1	
2	夹具体	1	
1	固定钻套	3	
序号	零件名称	数量	材料

夹具总装图	比例	数量	材料
设计		河北机电职业技术学院	
审核			

习　　题

完成图 3-2-27 所示装配工程图的绘制。

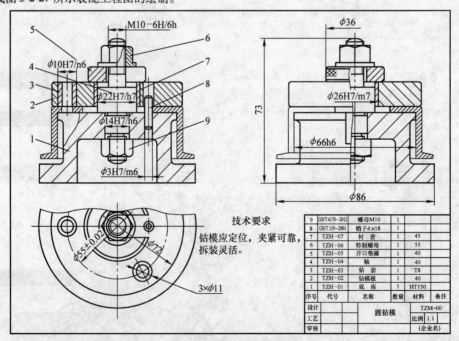

技术要求

钻模应定位，夹紧可靠，拆装灵活。

9	GB/T 6170—2012	螺母M10	1		
8	GB/T 119—2001	销子4×18	1		
7	TZH-07	衬套	1	45	
6	TZH-06	特制螺母	1	55	
5	TZH-05	开口垫圈	1	40	
4	TZH-04	轴	1	40	
3	TZH-03	钻套	1	T8	
2	TZH-02	钻模板	1	40	
1	TZH-01	底座	1	HT150	
序号	代号	名称	数量	材料	备注
设计			圆钻模	TZM-00	
工艺				比例 1:1	
审核				(企业名)	

图 3-2-27　装配工程图

参 考 文 献

[1] 博创设计坊. Pro/ENGINEER Wildfire 4.0 机械设计实例教程 [M]. 北京：清华大学出版社，2008.

[2] 赵建国，李怀正. SolidWorks 三维设计及工程图应用 [M]. 北京：电子工业出版社，2012.

[3] 詹友刚. Creo 1.0 机械设计教程 [M]. 北京：机械工业出版社，2012.

[4] 蔡冬根，Pro\ENGINEER Wildfire 4.0 应用教程 [M]. 北京：人民邮电出版社，2010.

[5] 何煜琛，习宗德. 三维 CAD 习题集 [M]. 北京：清华大学出版社，2010.

参考文献

[1] 北京兆迪科技. Pro/ENGINEER Wildfire 4.0 中文版标准实例教程. 北京: 机械工业出版社, 2008.

[2] 北京兆迪科技. SolidWorks 2012 中文版从入门到精通. 北京: 北京大学出版社, 2012.

[3] 郑贞平. Creo 2.0 项目式实例教程. 北京: 机械工业出版社, 2013.

[4] 詹友刚. Pro/ENGINEER Wildfire 4.0 中文版快速入门. 北京: 机械工业出版社, 2010.

[5] 郑贞平. 中文版 CATIA 习题集. 北京: 北京大学出版社, 2010.